U0325464

中国城乡家庭金融资产选择及财富效应研究

何 维 著

西南财经大学出版社

中国·成都

图书在版编目(CIP)数据

中国城乡家庭金融资产选择及财富效应研究/何维著.—成都:
西南财经大学出版社,2023.5
ISBN 978-7-5504-5699-0

Ⅰ.①中…　Ⅱ.①何…　Ⅲ.①家庭—金融资产—研究—中国
Ⅳ.①TS976.15

中国国家版本馆 CIP 数据核字(2023)第 040808 号

中国城乡家庭金融资产选择及财富效应研究
ZHONGGUO CHENGXIANG JIATING JINRONG ZICHAN XUANZE JI CAIFU XIAOYING YANJIU
何维　著

责任编辑:王利
责任校对:植苗
封面设计:墨创文化
责任印制:朱曼丽

出版发行	西南财经大学出版社(四川省成都市光华村街 55 号)
网　　址	http://cbs.swufe.edu.cn
电子邮件	bookcj@swufe.edu.cn
邮政编码	610074
电　　话	028-87353785
照　　排	四川胜翔数码印务设计有限公司
印　　刷	郫县犀浦印刷厂
成品尺寸	170mm×240mm
印　　张	13.75
字　　数	234 千字
版　　次	2023 年 5 月第 1 版
印　　次	2023 年 5 月第 1 次印刷
书　　号	ISBN 978-7-5504-5699-0
定　　价	78.00 元

前言

自从 Markowitz（马科维茨）开创性地提出资产组合理论以来，对于家庭金融资产选择的研究得到了快速发展，特别是 Campbell（坎贝尔）在 2006 年预言家庭金融可以发展为与公司金融及资产定价同样重要的前沿学科后，随着国内外微观数据库的建立和完善，家庭金融研究驶入快车道。我国金融市场发展虽然起步晚、时间短，但改革开放释放的制度和政策红利，推动宏观经济持续多年高速增长，提高了我国家庭收入和财富积累，为家庭金融资产选择提供了物质基础。值得注意的是，一方面，改革开放以来经济的高速增长主要来源于出口贸易和投资拉动，但近几年受国际贸易保护主义抬头和"逆全球化"趋势的影响，出口的不确定性因素增大；同时，多年积极的财政政策导致国内大多数地方政府债务高企，政策空间和投资效率下降。因而，出口和投资对经济增长的边际贡献在降低。另一方面，我国住房、医疗、教育等改革，增大了家庭的支出金额和风险，增强了家庭的目标性储蓄和预防性储蓄动机，边际消费倾向偏低，家庭消费长期受到抑制，消费对经济增长的基础性作用没有得到体现。而且，与欧美国家不同，我国家庭收入、社会保障、消费等存在明显的城乡二元结构特征，金融深化发展不均衡，家庭金融市场参与和金融资产选择也受这种二元经济的极大影响。正是在这种内忧外患的经济环境下，国家从宏观层面实施扩大内需战略，实现"经济内循环"，以充分发挥国内消费对经济的基础性拉动作用。

当然，影响家庭消费支出的因素是多方面的，但金融资产作为家庭资产的重要组成部分，对消费有两方面影响：一是家庭金融资产数量的增加和结构的优化，改变了家庭风险承受能力和风险感知度，间接提高了家庭的边际消费倾向；二是金融资产投资收益作为财产性收入的组成部分，通过直接提高家庭的收入水平促进了消费。正是在这一背景下，本书首先使用中国家庭金融调查（China Household Finance Survey，CHFS）的微观调查数据，对城乡家庭金融资产选择及财富效应问题进行比较研究，按照"理论借鉴→框架构建→现状分析→实证研究→政策建议"的逻辑顺序，重点研究城乡家庭储蓄资产、风险性金融资产选择、金融资产财富效应及其异质性。基于此，本书首先借鉴了相关经典理论，综述了国内外的研究成果，结合我国城乡家庭金融资产选择的现状，构建理论分析框架，揭示城乡家庭金融资产选择的作用机理。其次对我国城乡家庭金融资产选择进行分析，建立计量模型，运用 OLS、Probit、Tobit 等方法进行实证分析，并运用工具变量、倾向匹配得分等方法进行检验，深入研究城乡家庭金融资产选择及其财富效应的异质性。最后根据实证分析中得到的结论，提出相关政策建议。

本书的主要研究结论如下：

（1）我国城乡家庭金融资产选择存在明显的储蓄化和单一化，风险金融资产配置较低的共性特征，需要政策引导家庭资产向金融资产配置倾斜，家庭金融资产组合向多元化发展，重视家庭资产和收入结构优化，减少导致城乡收入差距的金融因素的影响。

我国城乡家庭均偏好储蓄性金融资产，资产组合表现得较单一。储蓄化、单一化、风险性金融资产"有限参与"是我国家庭普遍存在的共性问题。虽然随着金融改革和家庭投资意识的增强，家庭风险性金融资产配置比例逐年提高，但与发达国家相比，还有很大的提升空间。城乡家庭金融资产选择的这些共性特征和差异，对拓宽家庭财产性收入有两个影响：一是财产性收入来源单一，二是财产性收入增长空间有限。这种影响制约了家庭收入结构的优化和消费的持续增长，不利于推动经济内循环。因而，引导家庭资源向金融化转移，促进家庭金融资产参与及多元化配置，优化家庭的资产结构，是拓宽家庭收入渠道的重要前提。

（2）储蓄是家庭金融资产选择的主要资金来源。信贷约束降低了家庭储蓄率，制约了家庭金融资产选择的资金来源，影响了家庭金融资产选择及多元化配置。信贷约束是大部分城乡家庭普遍面临的现实问题，但信贷约束更多的是由家庭信贷需求抑制导致的。提高城乡家庭金融素养和促进金融深化发展，降低家庭信贷约束，缓解预防性储蓄动机，是建立普惠金融体系、推动城乡消费、实现经济内循环的基础。

我国城乡家庭储蓄率均处于较高的水平，家庭普遍存在信贷约束，但表现出以需求型信贷约束为主的特征。信贷约束对城乡家庭储蓄率均有显著的负向影响，且这种显著的负向影响有较大的城乡异质性，制约了城乡家庭金融资产选择的资金来源，也存在部分信贷约束对家庭储蓄率的负面影响较绝对信贷约束更大的情况。信贷约束对家庭储蓄率负面影响的实质是对家庭储蓄资源的挤出效应。深化金融城乡一体化发展，提高家庭金融素养，有利于降低家庭信贷约束，释放家庭的储蓄资源，为家庭参与风险性金融资产、金融资产组合配置的多元化打下基础。只有家庭信贷约束可能性和深度降低了，才能通过金融市场顺利实现资产的跨期配置和平滑消费；只有预防性储蓄动机降低了，家庭才有将储蓄转化为消费的动力。

（3）城乡家庭风险性金融资产都存在显著的"有限参与"现象，风险性金融资产选择明显受二元经济的影响，具有显著的城乡异质性。风险性金融资产配置是城乡家庭资产组合多元化、拓展收入渠道、降低收入风险的基础。

我国城乡家庭风险性金融资产都存在"有限参与"，且受二元经济的影响，风险性金融资产的持有可能性和深度表现出显著的城乡异质性。但我们也发现，家庭在参与风险性金融市场后，更倾向于提高风险性金融资产的占比。因而，怎样吸引家庭参与风险性金融市场，是提高风险性金融资产占比、优化家庭资产组合的重要前提。值得关注的是，如果单纯地提高家庭收入或地区经济发展水平，城乡家庭风险性金融资产选择的异质性不仅不会缩小，反而有扩大的迹象。因而，要优化家庭金融资产结构，提高风险性金融资产的占比，首要的任务是缩小城乡收入差距，通过普及风险性金融资产投资知识，吸引家庭参与风险性金融市场。

（4）金融资产均存在显著正向的财富效应，这种财富效应还与消费的属性、家庭的收入高度相关，需要重视金融资产财富效应在启动城乡消费市场、实现经济内循环中的作用。

金融资产财富效应在城乡家庭中都显著存在，但有一定的城乡差异。家庭金融资产的财富效应主要通过直接促进家庭消费支出增加、间接提高家庭的边际消费倾向两种方式实现。金融资产财富效应对食品类消费支出的影响最小，对生活类刚性消费支出的影响次之，对奢侈类弹性消费支出的影响最大，这与经济理论完全一致。因而，在启动农村消费市场、引导城乡消费结构升级、推动经济内循环方面，必须重视家庭金融因素的影响。当前，我国农村家庭虽已实现全面脱贫，但返贫风险较高，其中一个原因就是家庭收入来源单一，收入风险较高。金融资产投资收益作为家庭财产性收入的重要来源，有利于拓展家庭收入渠道，优化收入结构。这需要发挥金融资产配置在巩固脱贫攻坚成果、缩小城乡收入差距方面的积极作用。

何维

2022 年 12 月

目录

1 总论

1.1 研究背景和问题

1.1.1 研究背景

自从刘易斯（William Arthur Lewis）提出二元经济结构理论后，城乡二元结构特征和城乡收入差距就成了学术界研究的一个重要主题。特别是我国长期形成的以户籍为基础的城乡分割格局，导致生产要素、收入、社会保障、教育等均存在显著的城乡二元结构特征。因而，缩小城乡二元差异一直是历届政府的主要任务之一。虽然近年来城乡家庭可支配收入的相对比值持续下降，但从其绝对数据来看，我国城乡居民收入差距随着经济的发展反而有不断扩大的迹象。值得重视的是，收入差距的扩大必然会对社会发展产生深远的影响，如导致社会不稳定、经济发展失衡、内需消费不足等。我们也应清醒地认识到，造成中国城乡收入差距扩大的原因有很多，比如政府行为、市场行为、个人家庭因素、受教育程度、家庭结构等，而金融因素是影响城乡居民收入差异的重要因素。金融因素对城乡居民财富的影响，最终都落到金融资产选择上，比如股票、债券、基金等金融资产的配置，房贷、车贷、信用卡金融负债及金融服务与咨询的获取等。

党的二十大报告指出，完善按要素分配政策制度，探索多种渠道增加中低收入群众要素收入，多渠道增加城乡居民财产性收入。家庭金融资产选择是家庭收入和财富积累的结果，但金融资产投资收益作为财产性收入的重要来源，也是家庭进一步提高收入的重要方式。家庭通过参与理财类产品、债券、基金、股票等风险性金融市场，一方面从微观家庭来看，可以实现资产的多元化配置，提高家庭的财产性收入，对于巩固脱贫攻坚成果、缩小城乡收入差距有积极作用；另一方面从宏观市场来看，也能够增加这些风险性金融市场的流动性，提高资金的配置效率，最终为实体企业提供资金来源。更重要的是，在当前出口不确定性因素增加、传统投资拉动经济增长的边际作用下降的背景下，要启动国内消费市场，发挥消费对经济增长的基础性作用，实现经济内循环，家庭金融也是不可忽视的重要因素。因而，不论是基于家庭增加收入还是国家经济金融环境建设，家庭金融资产选择的数量和结构，以及由此而产生的财富效应及其对经济发展的推动作用，都是一个值得深入研究的问题。基于此，本研究的背景主要集中在两个方面。

1.1.1.1　理论背景

传统上，受微观数据缺乏制约，众多学者主要从宏观层面解释城乡家庭金融资产选择及行为，如经典的二元经济理论、金融发展理论等。二元经济理论是刘易斯等以发展中国家的城乡二元结构特征为研究对象，发现基于传统农业部门和现代工业部门在城乡的地理分布，由此形成了城乡资源、收入、要素、制度等相对独立运行，逐渐导致城乡经济发展不平衡并出现两极分化的经济现象。城乡金融市场也受二元经济的影响，城乡金融供给、金融生态和金融素养的差异，使城乡家庭金融资产选择的风险偏好有所不同，导致农村和城镇家庭的金融资产选择数量、结构和投资收益有着显著的城乡差异。金融深化发展不均衡、信贷约束的普遍存在，制约了家庭金融资产选择的资金来源，影响了家庭金融资产选择及多元化配置，家庭跨期资产选择受阻，预防性储蓄需求高，表现为农村家庭更偏好储蓄性金融资产，城镇家庭更偏好风险性金融资产。值得注意的是，金融科技的广泛应用和互联网技术的普及，促进了城乡金融深化和金融发展，城乡家庭在金融资产选择上的渠道差异正在缩小。

随着微观家庭金融调查数据的建立和完善，家庭金融资产研究体系和方法不断创新，家庭金融在学术界的地位越来越重要，并有可能发展成为一门独立的经济学科。对于家庭金融资产选择的研究起源于 20 世纪 30 年代的货币理论，但真正的系统性的研究始于 20 世纪 50 年代 Markowitz（1952）的资产组合理论，该理论奠定了家庭资产选择理论的研究基础和框架，至今仍然是家庭金融资产选择研究的基石。在此之后的半个世纪里，以资产组合理论为基础，不断有重要的原创性理论出现，但由于微观家庭金融数据缺乏，学术界主要用经济结构中涉及家庭部门的宏观数据来进行理论和实证研究。这些研究成果为我们理解家庭金融资产选择行为提供了理论解释，但对于解释存在显著异质性的微观家庭来说，也有明显的不足，甚至产生了部分无法解释的现象。随着大量微观家庭金融数据库的建立和完善，家庭金融资产选择理论和实证研究得以深入。正是基于微观家庭金融调查数据实证研究的广泛应用，人们发现许多研究结论与传统理论不一致，且与个体金融行为的经验证据不相符。特别是社会学、心理学、行为金融学的引入，拓展了家庭金融资产选择的研究视角，目前已经逐步发展成为金融学的一个重要分支。Campbell（2006）预言家庭金融可以发展成为与公司金融及资产定价同样重要的前沿学科，其研究前景非常广阔。当前，在大批高质量微观数据不断建立并完善的前提下，随着跨学科研究范式的盛行，自然实验、工具变量等研究方法的引入，拓展了家庭金融资产选择研究的宽度。整体来看，将家庭金融与社会学、心理学、人口学、行为金融学等跨学科结合，推动了家庭金融资产选择理论的发展。在经历了半个世纪的发展后，家庭金融资产选择研究的重点逐渐从宏观转向微观并取得了巨大的成就。

在国外家庭金融资产选择理论不断完善且新成果不断涌现的同时，由于我国家庭财富积累时间晚，微观家庭金融数据缺乏，资本市场发展滞后等原因，国内在这个领域的研究尚处于发展阶段。近20年来，随着中国经济的发展和居民财富积累的增加，中国家庭金融调查、中国养老追踪调查等微观数据库得以建立，为我国家庭金融资产选择研究提供了有力的数据支撑。

1.1.1.2 现实背景

消费、投资和出口是经济发展的三驾马车，但家庭消费不足是我国长期存在的经济现象并严重制约了经济的进一步发展。特别是近年来，贸易保护主义抬头，出口对经济的拉动作用将长期面临较大的不确定性，积极财政政策的空间缩小、边际效率下降，我国经济增长进入中低速发展时期。在当前内忧外患的经济环境下，提高家庭消费，真正发挥消费对宏观经济增长的基础性拉动作用，是解决我国经济发展问题的根本途径。然而，我国家庭在儒家思想的长期影响下形成了节俭的美德，且住房、医疗、养老、教育增大了家庭的支出比例，提高了家庭的预防性储蓄需求，导致国内家庭消费不足，制约了消费对经济增长的促进作用。

更为重要的问题是，我国有着牢固的二元经济格局，城乡消费市场发展不均衡，农村家庭消费还有巨大的提升空间。整体来看，我国存在显著的家庭可支配收入、金融资产选择和消费城乡二元结构特征。

一是家庭可支配收入存在巨大的城乡差距。笔者根据国家统计局公布的 1978—2019 年城乡家庭可支配收入数据进行测算，图 1.1 是笔者根据城乡家庭历年人均可支配收入比绘制的趋势图。总体而言，城乡家庭人均可支配收入比经历了先缩小、后扩大、再缩小的三个阶段。特别是近十年保持不断缩小的趋势，至 2019 年，城乡家庭人均可支配收入比为 2.64：1。

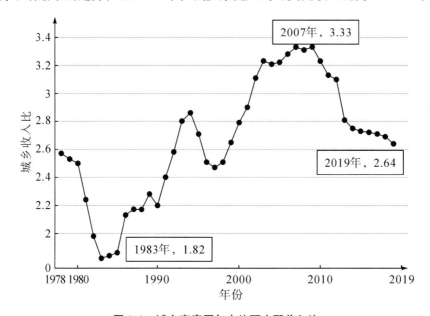

图 1.1　城乡家庭历年人均可支配收入比

城乡家庭人均可支配收入比的这种变化趋势，与我国城乡经济改革高度相关。具体而言，第一阶段（1978—1983 年），自从实行农村家庭联产承包责任制以来，农村家庭的经济活力得到释放，农村家庭的可支配收入得到快速增长，城乡家庭可支配收入比缩小，至 1983 年底，缩小至 1.82。第二阶段（1984—2007 年），随着改革开放的不断推进和市场经济地位的确立，城镇地区的经济优势得到充分发挥，城镇家庭可支配收入获得较快增长，城乡收入比虽有小的调整但整体呈现出上升趋势，至 2007 年底扩大至 3.33 的峰值。第三阶段（2008—2019 年），城乡差距的持续扩大引起了中央的高度重视，从 2004 年起，每年的中央"一号文件"都聚焦于"三农"问题，多策并举，缩小城乡收入差距。2019 年底，城乡家庭可支配收入比下降至 2.64。

近年来，城乡家庭人均可支配收入比虽有缩小，但城乡家庭历年人均可支配收入差距的绝对值从 1978 年的 209.08 元扩大至 2019 年的 26 338 元，城乡家庭收入差距逐年扩大，且年均增长幅度除少数年份略有下降外，整体呈扩大趋势。特别是近十年，城乡家庭人均可支配收入差距年均在 1 400 元左右，其中 2019 年城乡收入差距较 2018 年扩大至 1 704 元。图 1.2 是我国城乡家庭历年人均可支配收入差距变化情况。

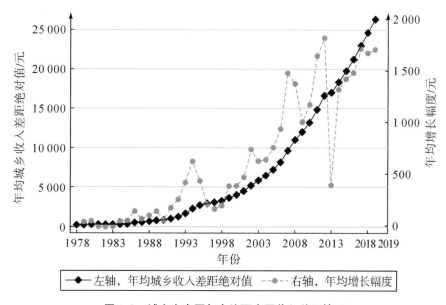

图 1.2 城乡家庭历年人均可支配收入差距情况

数据来源：笔者根据国家统计局公布的数据整理绘制。城乡收入差距绝对值是每年城乡家庭人均可支配收入相减的绝对数，年均增长幅度是相隔两年的收入差距绝对值相减而得。

二是家庭金融资产选择存在巨大的城乡差异。中国金融市场建设虽然取得了较大的进步，但在城乡二元经济结构体系下，金融供给、金融知识、社会互动、社会保障、可支配收入等方面仍存在显著的城乡差异，形成了城乡家庭金融资产选择偏好和结构的不同。从中国经济发展的结果来看，市场经济改革的推进和加入 WTO（世界贸易组织），释放了巨大的经济改革红利，中国的经济发展取得了显著的成就。然而，随着经济的高速发展和家庭收入总额的明显增长，居民家庭收入在城乡、地区间的差距逐渐扩大，从目前的结果来看，财富集中度更高，贫富差距有扩大的迹象。收入是家庭参与金融市场的基础，收入差距的扩大必然导致家庭在金融市场参与可能性和深度方面存在较大差异。

在家庭股票市场参与率方面，国家统计局2009年公布的数据显示，只有14.8%的中国家庭参与股票市场投资；根据西南财经大学中国家庭金融调查（CHFS）2017年调查数据，中国居民家庭平均持有金融资产84 026.10元，其中城镇家庭为113 154.60元，农村家庭为21 724.03元。全国家庭股票市场参与率仅为5.82%，其中城镇家庭为8.39%，农村家庭为0.3%。

在家庭金融负债方面，城镇家庭更容易通过正规金融机构获得融资，融资的主要形式是住房按揭贷款、各种消费贷款、信用卡等；农村家庭更多地倾向于通过亲戚朋友短期周转、民间非正规金融机构融资。

三是城乡家庭消费支出存在显著的城乡差异。笔者根据国家统计局公布的数据对城乡家庭消费支出进行比较。2019年全国居民人均消费支出21 559元，比2018年名义增长8.6%，扣除价格因素，实际增长5.5%。更重要的是，城镇居民人均消费支出28 063元，名义增长7.5%，扣除价格因素，实际增长4.6%；农村居民人均消费支出13 328元，名义增长9.9%，扣除价格因素，实际增长6.5%，城镇居民人均消费支出是农村家庭的2.11倍，家庭消费支出的城乡二元特征很明显。具体见图1.3。

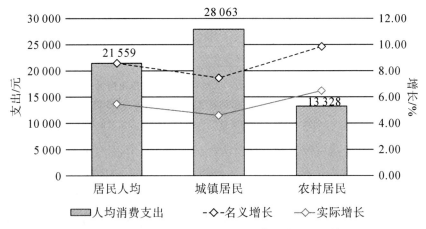

图1.3 2019年全国城乡居民人均消费支出及增长情况

资料来源：原始数据源于国家统计局公布的数据，由笔者根据相关数据绘制。

在我国城乡二元经济的现实格局下，城乡家庭可支配收入差距拉大，金融深化发展不均衡，使家庭储蓄及金融资产选择行为存在明显的城乡差异，这种差异主要表现在家庭金融资产规模和结构两个方面。家庭金融资产规模和结构，决定了家庭金融资产的投资收益，直接和间接促进了家庭消费支出，是促进社会消费增长的一股重要源泉。

与金融体系较为健全的国家相比，官方和非官方数据均表明，我国金融市场的发展仍有巨大潜力。金融市场投资收益是家庭获得财产性收入的一个重要渠道。家庭通过参与理财类产品、债券、基金、股票等风险性金融市场，既可以提高家庭收入，也可以促进金融市场的健康发展，为实体经济提供资金来源。因而，不论是基于家庭增加收入还是国家经济金融环境建设，家庭金融资产选择及对消费的促进作用都是一个值得深入研究的问题。

1.1.2　研究问题

综上所述，我国城乡家庭收入差距较大，预防性储蓄需求高，是国内需求不足的重要原因。消费对宏观经济增长发挥着基础性的支撑作用，但当前国际贸易保护主义抬头，对出口造成了长期不利影响，我国以往过度依赖出口拉动的经济增长模式受到制约，经济增长势必要从重视出口转向重视内需上来。也正是在这一宏观经济背景下，国家适时提出了"经济内循环"发展方向。然而，要真正通过国内消费提振经济，也面临家庭储蓄率高、消费不足的问题。从传统消费理论和现实证据来看，收入都是影响家庭消费支出的因素，因而，收入成为经济学解释消费的最主要变量。当前，我国以户籍为基础的城乡分割体制，导致经济发展不平衡，消费也呈现出显著的城乡二元特征。如何通过国内家庭消费来带动投资，发挥消费对经济增长的基础性拉动作用，从而促进实现"经济内循环"，是当前及未来一段时间政府要面对和解决的迫切问题。

众所周知，影响城乡居民财富差异的因素很多，比如政府行为、市场机制、金融因素、劳动者质量等，而金融因素是影响城乡居民财富差异的重要因素。但金融因素对家庭财富的影响，最终是通过金融资产的选择及其产生的收入财富效应来实现的。本书研究的重点问题是：中国城乡家庭金融资产选择和财富效应的异质性。

为了更充分地探讨金融资产选择的城乡差异，我们将研究的问题聚焦于以下五个子问题：①当前我国家庭金融资产选择城乡差异的现状及特征；②城乡家庭金融资产选择资金来源及其异质性；③城乡家庭风险性金融资产选择及影响因素的异质性；④城乡家庭金融资产财富效应及其异质性；⑤如何优化城乡家庭金融资产选择，促进家庭收入的多元化，降低家庭的预防性储蓄动机，释放家庭的消费需求。

具体来说，我们对本书的研究范围做如下界定：

首先，研究对象为城乡家庭。本书意在揭示城乡家庭金融资产选择对家庭收入和消费的影响。大量的文献从宏观层面对家庭金融资产选择进行了广泛深入的研究，对微观家庭异质性存在重视不够的情况。但随着微观数据库的建立和完善，从微观层面研究家庭金融资产选择有了数据基础。

其次，研究标的为家庭金融资产。随着家庭财富的积累，金融资产在家庭财富中所占的比例越来越高。与实物资产相比，金融资产的流动性更高，且随着金融市场的发展，可供家庭选择的金融产品也越来越丰富。家庭可以根据自身风险偏好，通过金融市场对金融资产组合进行调整，从而改变资产组合的风险和收益。

再次，控制变量的选择。家庭金融资产选择的影响因素众多，特别是家庭的社会特征、人口统计特征和背景特征等。传统上的研究重点是宏观层面，而微观因素往往难以准确度量。本书基于大量现有研究成果，结合研究需要选择了合适的控制变量，目的是突出研究的重点。

最后，研究方向的把握。为了分析城乡家庭金融资产选择及其异质性，我们始终将城乡作为研究的重要方向，通过比较研究，探讨城乡家庭金融资产选择差异的根源，以便为城乡家庭金融资产选择的优化提供决策依据。

1.2　理论和现实价值

本书的研究对于探索家庭金融资产选择及财富效应的城乡差异，优化金融资产组合，拓展家庭财产性收入渠道和助推经济增长均有理论和现实意义。

1.2.1　理论价值

第一，对城乡家庭金融资产选择的研究，有助于拓宽传统资产组合理论的研究内容并提高资产组合理论的解释力。特别是在我国城乡二元经济特征明显的大背景下，对城乡家庭金融资产选择及财富效应的对比研究，有助于深入理解和丰富家庭金融资产选择理论。

第二，对城乡家庭金融资产的选择行为及财富效应差异进行对比分析，探索家庭金融资产选择城乡差异的深层次原因，以及微观家庭金融资产选择的影响因素及作用机理，从而在一定程度上完善家庭金融资产选择行为理论体系。

第三，家庭金融资产选择理论是金融学的一个分支学科，对其进行研究是对传统金融理论的进一步发展和重要补充。传统经典理论严格的理性经济人假说，虽然为理解家庭资产选择行为提供了很好的解释，但微观家庭存在过多的现实条件约束，导致家庭金融资产选择行为差异巨大。

第四，微观经济行为与宏观经济增长存在有机联系。虽然微观家庭的经济金融行为受宏观经济的影响，但微观家庭的资产结构和消费行为等，对宏观经济增长和缩小城乡收入差距均有促进作用。特别是当前家庭消费需求升级，有助于我国解决出口受阻对经济的负面影响，对于促进经济的平稳发展有着积极的作用。

1.2.2　现实价值

第一，就微观家庭层面而言，通过对城乡家庭金融资产选择的对比研究，揭示城乡家庭金融资产选择的差异，并更深入地探讨这种差异的根源，既有助于帮助家庭更优地进行金融资产配置，提高居民家庭的收入和福利，也有利于金融产品供给方优化金融产品，提升产品市场竞争力，推动金融产品的多元化。

第二，就宏观政策层面而言，一方面，在我国城乡二元经济结构中，城乡家庭收入差距较大。本书通过对城乡微观家庭金融资产选择进行研究，进一步探讨金融资产选择与城乡居民收入和消费之间的关系，试图寻找导致城乡家庭收入和消费差距的金融因素，对我们构建普惠金融体系，缩小城乡居民收入差距、制定巩固脱贫攻坚成果政策提供参考。另一方面，家庭金融资产选择行为除了受微观个体特征影响外，还受财政、货币及税收等宏观经济政策的影响，家庭金融资产选择及其变化，是对整个国家现有或预期的宏观经济金融政策做出的相应调整，因而要保证宏观政策的有效性，就必须研究家庭金融资产选择行为。

第三，对家庭金融资产选择行为及财富效应的研究，有利于促进金融体系的改革。在一般均衡分析框架下，家庭作为金融资产的重要需求方，家庭金融资产选择行为和方式发生改变，则金融资产供给方也只有发生相应的改变才能达到新的均衡。因而，研究家庭金融资产选择行为及其背后的原因，有利于理解我国金融系统变化规律，推动金融改革和宏观调控。如家庭股票市场的参与方式和深度，影响了资本市场的健康发展，金融资产财富效应也优化了家庭收入结构。

第四，当前，国际贸易保护主义抬头，贸易争端不断出现，再加上新型冠状病毒感染疫情全球蔓延，导致出口对经济增长的贡献减弱，未来的不确定性增大。国家转变经济增长方式，重视国内消费对经济增长的基础作用，启动"经济内循环"发展方式，关键的因素就是家庭消费支出问题。金融资产投资收益作为财产性收入的重要来源，对家庭消费支出有显著影响。因而，研究家庭金融资产选择及对消费的作用，可以为宏观经济增长方式转型提供微观家庭证据。

随着我国家庭财富的积累和金融产品的多样化，对家庭金融资产选择行为的研究显然很有必要。本书利用中国家庭金融调查（CHFS）的微观数据，研究我国城乡家庭储蓄率、风险性金融资产选择及其财富效应的异质性，为理解我国家庭金融资产选择提供了新视角，为金融市场改革、收入分配政策调整和金融产品优化提供了参考和启示，因而具有较强的现实价值。

1.3 研究目标和内容

1.3.1 研究目标

本书研究目标是通过对我国城乡家庭金融资产选择行为的对比分析，明确我国当前城乡家庭金融资产选择的现状、问题、原因及财富效应的异质性，在此基础上探讨优化家庭金融资产选择和消费激励，通过提振城乡家庭消费实现经济内循环，促进经济增长。为实现这一宏观目标，本研究将其细化为以下具体目标：

其一，以 CHFS 数据为基础，对我国城乡家庭储蓄性和风险性金融资产选择的现状进行对比，分析城乡家庭金融资产选择中存在的问题，探索其成因，较全面地展示当前我国家庭金融资产选择的城乡差异及其经济逻辑。

其二，构建城乡家庭金融资产选择资金来源的实证模型，以信贷约束为实证分析的切入点，研究信贷约束对城乡家庭金融资产选择资金来源的异质性影响，同时，将信贷约束细分为需求型和供给型，进一步探索信贷约束与储蓄率的关系。

其三，构建城乡家庭风险性金融资产选择的实证模型，重点分析城乡家庭风险性金融资产选择行为及其影响因素，研究城乡这一核心变量对家庭风险性金融资产的持有可能性和深度的异质性影响。

其四，进一步构建城乡家庭储蓄性和风险性金融资产选择的实证模型，重点研究家庭金融资产选择的财富效应及城乡异质性的根源，将家庭消费支出根据性质进行细分，研究金融资产财富效应对消费支出的影响。

其五，基于当前我国经济增长面临的问题，从微观家庭出发，探索如何刺激家庭消费，实现经济内循环发展，为城乡金融市场改革和家庭金融资产结构调整提供理论参考。

1.3.2 研究内容

为了达到上述研究目标，围绕我国城乡家庭金融资产选择及财富效应这一研究主题，我们把研究内容细分如下：

（1）家庭金融资产选择的理论回顾和框架构建。我们对家庭金融资产选择研究成果进行全面梳理，跟踪最新的研究进展，并结合我国现实国情和家庭金融资产选择现状，围绕资产组合理论、生命周期理论、二元经济理论等，分析家庭金融资产选择机理，并构建理论分析框架。

（2）我国城乡家庭金融资产选择的现状。我们利用中国家庭金融调查（CHFS）2015 年和 2017 年的调查数据，分析我国城乡家庭储蓄性金融资产和风险性金融资产选择规模和结构，总结我国微观家庭金融资产选择的特征并进行成因分析，发现我国家庭金融资产选择的问题。

（3）城乡家庭金融资产选择资金来源及异质性实证研究。储蓄是家庭进行金融资产选择的主要资金来源，基于我国显著的二元经济和金融抑制，我们从信贷约束这一视角研究家庭储蓄率，并将信贷约束划分为需求型信贷约束和供给型信贷约束进行实证研究。为避免内生性导致的估计偏差，我们分别用家庭所在省份和县市的平均信贷约束率作为工具变量、倾向得分匹配进行估计，并使用变更样本和变量替代进行稳健性检验，通过分位数回归等进行异质性分析。

（4）城乡家庭风险性金融资产选择及影响因素研究。城镇家庭更多地参与和持有风险性金融资产，可能与什么因素有关？相同的影响因素，为何对城乡家庭风险性金融资产的持有可能性和深度有截然不同的影响？我们研究后发现，社会互动、收入风险、财富效应的差异是城乡家庭风险性金融资产选择异质性的主要来源。

（5）城乡家庭金融资产选择财富效应研究。金融资产投资收益作为重要的财产性收入，改善了家庭的收入消费结构，对宏观经济增长有促进作用。我们结合稳健性检验，证实了金融资产存在显著的财富效应，发现了财富效应具有明显的异质性。

（6）政策结论分析。针对本书的实证结论，结合我国的现实国情，我们提出重视家庭金融资产选择研究、优化家庭收入结构的方案，并提出了相关政策建议。具体包括：重视消费的基础性拉动作用，深化收入分配改革，降低预防性储蓄需求，加大金融市场改革力度，提高家庭金融素养。

1.4 研究方法和数据

1.4.1 研究方法

本书研究遵循如下逻辑：文献梳理→构建理论框架→进行实证研究→提出政策建议。具体来说，第一，在文献梳理的基础上形成分析框架，对家庭金融资产概念进行界定，基于资产选择理论对城乡家庭金融资产选择进行比较研究，分析信贷约束、收入、房产、金融知识等因素与家庭金融资产选择的关系及作用机理。并在消费储蓄理论、货币需求理论、资产组合理论的基础上，构建城乡家庭金融资产选择的理论分析框架，为实证分析提供理论基础。第二，在实证分析部分利用 CHFS 数据资料，对我国城乡家庭金融资产选择的现状进行描述性统计分析，并在此基础上构建分析模型，分别对城乡家庭储蓄率和风险性金融资产选择进行分析并对比，探索存在差异的原因、影响因素和作用机理。第三，研究家庭金融资产选择财富分配效应，对城乡家庭金融资产选择产生的财富效应进行实证分析，研究金融资产财富效应对消费支出的影响。第四，基于金融资产选择对比分析和财富效应的实证研究，提出研究结论和政策建议。图1.4简单描绘了本书的研究思路。

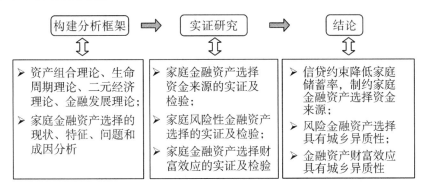

图1.4　本书的研究思路

在具体研究过程中，本书以城乡家庭金融资产选择的现实为出发点，在规范研究基础上进行实证研究。具体来说，规范研究注重基础概念的界定和内在机理的揭示，以此为基础进行理论研究，目的是界定家庭金融资产选择与影响因素之间的关系；实证研究在规范研究的基础上展开，对CHFS数据进行深度挖掘，从而保证结论的稳健性。

重点内容的研究方法和措施包括：①关于城乡家庭金融资产选择行为及原因分析，主要运用定性分析方法，根据城乡家庭金融资产选择的结构和总量对其行为进行判断，从收入、房产、金融知识、风险偏好等方面对金融资产选择行为的影响机理进行分析。②储蓄是家庭金融资产选择的主要资金来源，而储蓄率是家庭储蓄的直观表现，重点从信贷约束这一独特视角，探索信贷约束对城乡家庭金融资产选择资金来源的异质性影响。③对城乡家庭风险性金融资产的持有可能性和持有深度进行实证研究，通过建立模型实证研究家庭参与风险性金融资产市场的可能性和深度，探索其影响因素及作用机理。④探索城乡家庭金融资产选择的财富分配效应及其作用机理，在此基础上分析城乡家庭金融资产选择的优化机制和模式创新，最后得出研究结论并提出政策建议。

图1.5是本书研究所采用的技术手段和研究方法。

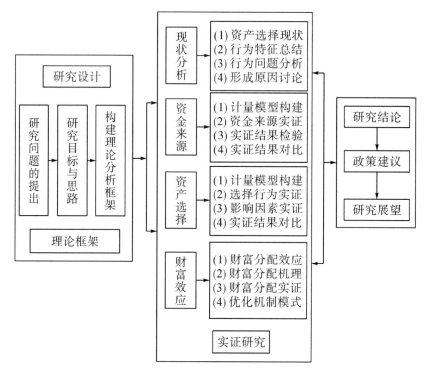

图 1.5 本书研究所采用的技术手段和研究方法

1.4.2 研究数据

本书的研究数据源于西南财经大学中国家庭金融调查与研究中心于2015年和2017年在全国范围内调查得到的微观数据。中国家庭金融调查每两年进行一次全国性入户追踪调查，调查的主要内容包括：家庭的住房和金融资产、收入与消费、社保与就业等信息，其中家庭金融资产选择及行为是重点涵盖的内容。该中心的微观调查已于2011年、2013年、2015年、2017年、2019年和2021年完成六轮调查，产生了较大的社会影响。

总体而言，中国家庭金融调查的整体抽样方案采用分层、三阶段、与人口规模成比例（Probability Proportional to Size，PPS）的抽样设计方法。第一阶段抽样在全国范围内抽取市/县；第二阶段抽样从市/县中抽取居委会/村委会；第三阶段抽样在居委会/村委会中抽取住户。每个阶段的抽样都采用PPS抽样方法，其权重为该抽样单位的人口数（或户数）。

中国家庭金融调查2015年的样本涉及全国29个省份2 585个县，样本家庭 37 289 户，其中，城镇家庭 25 635 户，占比 68.75%；农村家庭 11 654 户，占比 31.25%。2017 年样本涉及 29 个省份，样本家庭 40 011 户，其中，城镇家庭 27 279 户，占比 68.18%；农村家庭 12 732 户，占比 31.82%。

此外，在研究过程中，我们还参考了权威部门发布的统计数据和其他资料，主要包括：

一是国内外宏观经济数据，如国家统计局、中国人民银行、中国银保监会、中国银行业协会等主体发布的经济数据，包括经济增长情况、城乡家庭可支配收入、金融机构数量等。

二是国内外微观调查数据，如美国消费者金融（SCF）调查 2016 年的调查数据、欧洲家庭金融和消费调查（HFCS）、中国家庭金融调查（CHFS）等微观数据。

三是国内外现有权威学术期刊和研究报告，包括《经济研究》《经济学季刊》《金融研究》、*American Economic Review*、*Journal of Political Economy* 等。

2 理论借鉴

在对城乡家庭金融资产选择及财富效应进行理论分析和实证研究之前，需要对家庭金融资产选择和财富效应的已有文献进行回顾，并在此基础上总结现有研究中有待改进之处。本研究基于我国城乡二元经济的现实格局，讨论家庭金融资产选择及财富效应的城乡异质性，在研究过程中，需要充分借鉴传统经典理论，并结合我国城乡家庭金融资产选择的现实情况进行科学分析，为研究提供理论支撑。

基于我国城乡家庭金融资产选择的内在动因和外在约束，分析我国城乡家庭金融资产选择现状和深层次原因，既是微观城乡家庭进行资产组合，平滑家庭生命周期收支的需要，也是宏观二元经济环境下，金融发展不均衡的结果。根据研究目标，笔者借鉴了微观资产组合理论、生命周期理论、宏观二元经济理论和金融发展理论，并分析它们对家庭金融资产选择的影响，以及在理论和实证方面的应用。希望通过总结这些理论，为分析我国城乡家庭金融资产选择建立理论基础和框架。

2.1 资产组合理论

家庭金融资产主要由储蓄性和风险性金融资产两大类组成，前者主要包括现金和银行存款，后者主要包括股票、基金等。家庭金融资产选择就是家庭在各种金融资产之间的配置，家庭分配多少资源在金融资产，以及不同金融资产的配置比例，分别代表了家庭金融资产选择的规模和结构。家庭资产选择决策的差异，对金融资产选择和结构有显著的影响。资产组合理论就是讨论家庭金融资产配置问题，主要包含三个方面：一是金融资产配置的规模，二是各类金融资产配置的比例，三是金融资产配置的多元化。

资产组合理论始于 20 世纪 50 年代，主要研究在不确定性普遍存在的情况下，作为行为主体的消费者如何将家庭财富配置在各类金融资产上，以寻求其所能接受的收益回报与风险相匹配的最佳投资组合的系统方法。其核心理论是资产组合理论和资本资产定价模型。

2.1.1 均值方差理论体系

马科维茨在 1952 年的研究被视为现代资产组合理论的形成。他在理性经济人和有效市场假设前提下，用期望收益率代表资产的收益情况，风险定义为收益率的波动率（方差），将家庭金融资产选择行为通过数理方法模型化，形成均值与方差分析框架，来解释理性投资者的单期金融资产配置问题。他将投资决策目标简化为两个：尽可能高的收益率和尽可能低的不确定性风险。马科维茨在 1959 年提出了有效投资组合的概念，并指明应当以效用最大化原则取代收益最大化原则进行资产配置。而效用最大化的两个原则是风险既定期望收益最大，或期望收益既定风险最低。

在现实中，不同风险资产收益和风险的相关性不完全相同，因此，就可以利用这种不完全相关性，通过选择不同的金融资产构建资产组合，并通过资产组合来分散投资风险。根据马科维茨的有效组合理论，每一风险水平都有一个有效边界，这个有效边界是有效组合的集合，而最佳的投资组合必然在有效边界上。因为高于有效边界的投资组合无法实现，低于有效边界的投资组合虽然可以实现但不是最优组合，只有位于有效边界上的选择才是最优组合。至于具体在有效边界的哪个位置，是由投资者的风险态度决定的。

马科维茨的研究对于现代资产组合理论具有里程碑式的意义。他创立的"均值方差理论"至今仍然是研究家庭金融资产选择的基础，也是家庭构建资产组合和评价资产组合绩效的重要依据。

2.1.2 资本资产定价模型

托宾（Tobin）1958 年在马科维茨资产组合理论的基础上提出了"两基金分离定理"。他将无风险资产引入资产选择模型，认为投资者在选择资产组合时有两类决策：一类是风险资产组合的最优选择，另一类是投资者对无风险资产及风险资产投资比例的最优选择。

夏普（1964）在"两基金分离定理"基础上提出了资本资产定价模型，这也是第一个关于资产定价的一般均衡模型。他进一步把风险分为系统性风险与非系统性风险。前者也称为市场风险，指的是整体市场受到影响而无法规避的风险；后者为对个别行业或证券产生影响的风险，可以通过充分的投资组合进行分散。根据夏普提出的资本资产定价模型，如果市场资产组合是有效的，那么风险资产的收益率为无风险资产收益率加上风险溢价的补偿。这一模型暗含投资者投资于任何证券构成的资产组合，只有非系统性风险可以分散，而不能消除系统性风险。因此，该理论意味着，在资产选择过程中，所有投资者都持有风险资产的投资组合，再按照自己的风险偏好，选择无风险资产与市场投资组合进行配置。

2.1.3 多期资产组合理论

上述"均值方差理论""两基金分离定理"以及"资本资产定价模型"描述的均是资产组合的单期静态选择，这与现实经验证据不相符。因为对于长期投资者来说，并不是只关心单次的投资收益，而是追求整个长期多次投资收益的最大化。因此，在20世纪60年代后期，生命周期理论被引入金融资产配置，讨论投资在整体生命周期内如何进行资产配置。其中以萨缪尔森（Samuelson）和默顿（Merton）的研究最有代表性。

萨缪尔森（1969）和默顿（1969）将资产配置问题由单期拓展到多期。其研究结果指出，投资者应当按照一定的比例投资于所有种类的风险资产；所有投资者投资于风险资产组合的行为应当是相同的，即所持有的风险资产组合占家庭财富的最优比例是一定的，并独立于年龄和财富；投资者进行资产配置的不同之处仅仅是其风险态度的不同，从而导致其投资于无风险资产及相同的风险资产组合的配置比例不同。在默顿的模型中，投资者的风险厌恶程度是常数，独立于财富、年龄等变量。而事实上，随着家庭财富的增长，家庭风险偏好和风险资产的投资会增加。除此之外，劳动收入等家庭统计特征也会对资产配置产生影响，而模型中没有将这些重要的变量考虑在内，忽视了其有可能对家庭金融资产配置造成的影响。

随着金融资产选择理论的完善与发展，解释上述传统模型与现实家庭金融资产配置情况之间存在的差异，已成为学界研究的重点。尤其是进入20世纪90年代以来，学者们在萨缪尔森和默顿理论框架的基础上对家庭资产选择模型进行了进一步的拓展，并逐渐开始从微观家庭的异质性特征，比如劳动收入等背景风险、人口统计特征、流动性约束等市场不完全性及社会网络等其他因素的角度来解释家庭的金融资产配置理论。

上述这些资产选择理论以理性人、完全市场为假设前提，认为家庭都会持有一定比例的风险性金融资产，只是持有比例的多少取决于风险偏好而已。但事实是很多家庭根本没有持有风险性金融资产，家庭资产组合都很单一，主要以储蓄性金融资产为主，即使持有风险性金融资产，其实际持有情况也远远低于理论值，因而存在"有限参与"之谜。有限理性和行为金融学的引入，为家庭资产组合理论提供了新的解释。

2.1.4 资产组合与家庭金融资产选择

资产组合理论为理解家庭金融资产选择行为提供了合理的解释，但从我国城乡家庭金融资产选择的现状来看，金融资产组合具有显著的城乡差异，主要表现在以下几个方面：

第一，金融资产持有数量的城乡差异。由于家庭收入、财富积累的城乡差距，城镇家庭可投资的资产高于农村家庭，城镇家庭金融资产数量远高于农村家庭，特别是大量低收入农村家庭，甚至只有金融负债而没有金融资产。家庭金融资产选择本质上是一种储蓄行为，从消费理论来看，储蓄等于收入减去消费的余额。因而，金融资产选择数量的多少与城乡家庭的收入和消费相关，家庭储蓄是进行金融资产投资的基础。城乡之间较大的收入和财富积累差异，是家庭金融资产持有数量显著不同的根源。

第二，金融资产结构的城乡差异。整体来看，农村家庭更偏好于储蓄性金融资产，风险性金融资产更多地由城镇家庭持有，这种现象是多种原因的结果，如金融知识、金融供给、风险偏好等。一般来说，由于社会保障制度的城乡差异和传统儒家节俭思想的影响，为了应对养老、教育、医疗、住房等需要，农村家庭的目标性储蓄和预防性储蓄更强，更倾向于风险厌恶，故持有更多的储蓄性金融资产。更重要的是，农村地区家庭风险性金融资产获取的渠道极为有限，特别是股票、基金、期货等风险性金融资产，往往要求家庭有较强的风险承受能力和更高的金融素养，这些风险性金融资产更有可能出现在城镇家庭的选择范围以内。

第三，金融资产组合多样性的城乡差异。从金融资产组合的多样性来看，广大的农村家庭只持有少量的金融资产，主要集中在现金、银行活期存款和定期存款上，金融资产组合更单一。而城镇家庭持有的金融资产组合则更加多样化，除了银行活期和定期存款，理财类产品、基金、股票、保险等资产也常常在城乡家庭的资产组合中，甚至少量的家庭还会持有期货、期权等高风险金融资产。出现这种现象的原因是风险性金融产品在农村的供给不足，特别是证券、期货、基金等风险性金融机构，很少在农村金融市场进行布局，主要通过银行类金融机构的代销提供少量金融产品。近年来互联网金融快速发展，为家庭金融资产组合的多样性提供了渠道，但对于这种新兴金融渠道和互联网金融产品，城镇中年轻家庭接受度更高，参与的可能性更大。

第四，普遍存在风险性金融资产"有限参与"。值得注意的是，虽然城镇家庭更偏好风险性金融资产，持有金融资产组合更加多样化，但城乡家庭都存在一个共同特点，即大量的城乡家庭都没有持有风险性金融资产，或风险性金融资产持有数量远低于理论最优值。

2.2 生命周期理论

生命周期理论解释了家庭不同阶段金融资产选择行为及其背后的微观原因。影响金融资产选择的诸多因素都与家庭生命周期相关，如家庭年龄结构、健康程度、风险偏好、收入水平、社会资本等。在家庭生命周期的各个阶段，家庭持有的资源和消费需求在时间上往往是错配的，更重要的是在生命周期的各个阶段，面临的相关约束及行为方式有很大的差异性。传统资产组合理论的一个重要假设就是，家庭可以通过持有金融资产和金融负债，从而达到平滑家庭生命周期储蓄和借贷的目的。如家庭形成期的房贷和车贷等负债消费、成熟期的储蓄、衰退期的健康支出等，都需要通过持有金融资产来实现，因而，金融资产选择是家庭平滑生命周期的工具和需要。

2.2.1 生命周期理论的发展

家庭生命周期理论起源于 19 世纪初朗特里（Rowntree）对贫困问题的研究。他将家庭重大事件诸如结婚、生子等与贫困联系起来，认为重大事件的发生往往导致支出突然增加，在收入不增加的情况下，家庭更容易陷入贫困，贫困与这些重大事件密切相关。他根据这些重大事件，将人从出生到死亡划分为九个阶段，从而形成了家庭生命周期的雏形。此后，家庭生命周期理论大致经历了三个发展阶段：第一个阶段是理论初创期，以索罗金（Sorokin）、柯克帕特里克（Kirkpatrick）、罗米斯（Lommis）等学者为代表，其特征是以家庭子女作为划分的主要依据。第二个阶段是扩展和成型期，以毕格罗（Bigelow）、格里克（Glick）、杜瓦尔（Duvall）等学者为代表，其特征是以家庭的七个重大事件将家庭生命周期划分为形成、扩展、稳定、收缩、空巢与解体这六个阶段，基本形成了比较完备的家庭生命周期理论框架。第三个阶段是修正完善期，以罗杰斯（Rogders）、韦尔斯（Wells）和墨菲（Murphy）等学者为代表，他们对家庭生命周期提出了更精细的划分方法。

1986年诺贝尔经济学奖获得者莫迪利安尼（Modigliani）等将家庭生命周期理论与消费储蓄行为联系起来，建立了基于家庭生命周期理论的消费函数，从而使生命周期理论进入数学模型阶段。他们从家庭收入和支出角度出发，并以年龄为主要划分依据，将人的一生划分为青年、中年、老年三个阶段。一般而言，青年阶段可能还没有就业或刚开始就业，收入来源单一且偏低，而生活支出大，这时消费支出可能会超过收入；随着他们进入中年，工作经验积累和职位升迁，收入会大于消费进而产生储蓄，这些储蓄用于归还年轻时的借款和进行老年生活储蓄；随着职业生涯进入末期，收入同步下降，但保健和医疗支出明显增加。

生命周期理论认为，消费者一生所能支配的总收入，不仅包含当前收入，还包含未来预期收入的总和及财富积累，而这三者均和消费者的年龄相关。消费者消费任何一个商品的目的都是得到一定的效用，消费者一生的效用是当前和未来总消费的函数，家庭会在更长的时间范围内计划他们的生活消费开支，以达到在整个生命周期内消费的最佳配置。他们认为，当期消费与当期收入、预期收入及原始资产相关，理性的消费者在一生中均匀地消费他的总收入和财富，这样总效用就会达到最大。他们使用截面数据分析发现，年龄接近的消费者，即使收入差距较大，也存在相似的储蓄率。预期收入的短期变化，无论是收入增加还是减少，对边际消费倾向的影响都是较小的；当预期收入变化是长期的时，则消费者会及时调整其消费，从而平滑消费支出。消费的生命周期理论可以用下面这个公式来表示：

$$C = a \times WR + b \times YL \tag{2.1}$$

式（2.1）中，C 为消费支出，WR 为实际财富，a 为财富的边际消费倾向，YL 为劳动收入，b 为劳动收入的边际消费倾向。

他们还进一步将消费生命周期理论应用于宏观的消费储蓄领域，在社会人口结构没有发生重大变化的情况下，整个社会的长期边际消费和储蓄倾向均是稳定的。如果社会人口构成发生了变化，则边际消费和边际储蓄倾向也会发生变化。具体而言，如果社会中青年人和老年人的比例增高，则社会的边际消费倾向就会提高，社会边际储蓄率就会降低；如果社会中中年人的比例提高，则社会的边际消费倾向就会降低，储蓄率就会提高。因而，社会的消费和储蓄与人口结构的生命周期高度相关。随着生命周期理论的问世和逐渐完善，因其较接近于现实而被广泛应用于家庭和国民储蓄研究中，并促进了宏观经济理论的发展。

2.2.2　生命周期阶段的划分

家庭生命周期指家庭从诞生到解体的全过程，男女双方通过法律程序成为合法夫妻标志着家庭的诞生，双方离异或去世标志着家庭的解体。关于家庭生命周期没有统一的划分标准，根据研究内容可对家庭生命周期进行细化或合并。一般而言，世界卫生组织（WHO）以家庭相应人口事件的发生为标志，将家庭生命周期划分为形成期、成长期、成熟期、收缩期、空巢期和解体期六个阶段。表 2.1 整理了各阶段划分标志。

表 2.1　家庭生命周期及其划分标志

家庭生命周期阶段	开始的时间标志	结束的时间标志
形成期	结婚	第一个子女出生
成长期	第一个子女出生	最后一个子女出生
成熟期	最后一个子女出生	第一个子女离开父母
收缩期	第一个子女离开父母	最后一个子女离开父母
空巢期	最后一个子女离开父母	夫妻一方离世
解体期	夫妻一方离世	另一方离世

资料来源：笔者自行整理。

家庭形成期是从双方结婚至第一个子女出生。这个阶段家庭刚成立，家庭规模以夫妻二人为主，家庭收入和储蓄较低，需要为家庭购置房产等进行目标性储蓄。家庭成长期是家庭子女的出生过程，在这个阶段，伴随着家庭规模的扩大，家庭的日常生活消费支出如子女生活支出、教育支出也逐步增加。家庭成熟期是最后一个子女出生至第一个子女离开父母独立生活，家庭规模开始缩小。家庭收缩期是所有子女离开父母开始独立生活或组成新的家庭，家庭规模重新回到夫妻二人为主，家庭收入减少而医疗支出增大。家庭空巢期和解体期是夫妻双方离开人世的阶段，这个阶段家庭需要通过前期储蓄或养老金来维持消费支出。

家庭生命周期除了上述的六阶段划分方式外，还有三阶段划分方式，分别为建成阶段、中年阶段和老年阶段。在建成阶段家庭成员比较年轻，财富积累少，有一定的风险偏好；中年阶段有一定的财富积累和较高的收入水平，抗风险能力较强，但养老和抚育子女负担较重；老年阶段子女组建家庭，收入下降，家庭医疗支出大，抗风险能力下降。一般而言，家庭年龄与职业生涯、妇女生育年龄高度相关，因而，除了用家庭人口事件作为家庭生命周期划分标志外，也有用年龄作为划分标志的。

家庭生命周期的划分并不是一成不变的，而是与经济的发展和婚姻观念的变化有着密切的关系，具有强烈的时代特征。从国内外家庭形成的发展规律来看，普遍存在家庭形成期整体延迟的现象，主要原因是社会和经济的发展，初婚年龄的延后，导致家庭形成期不断往后延迟。另外，社会性别的失衡导致大量单身青年的存在，以及在婚姻自由化浪潮下形成的单亲家庭、再婚家庭甚至丁克家庭。在这些特殊但又普遍存在的家庭中，传统家庭生命周期阶段出现重叠和模糊化现象。

2.2.3　城乡家庭生命周期的差异

受经济发展水平、所处的社会网络等因素的影响，城乡家庭的生命周期及划分有较大的差异，这些差异主要体现在以下方面：

一是城乡家庭初婚年龄的差异。从国内外家庭形成的发展规律来看，普遍存在青年初婚年龄上升导致家庭形成期整体延迟的现象。其原因是多方面的。首先，受现代化观念、经济高速发展以及婚姻市场结构变动的影响，随着女性经济的独立、受教育时间的延长，个体资源、择偶观念和择偶标准均发生了转变，适婚青年男女主动选择晚婚晚育的比例增加，晚婚晚育的年龄延后。其次，城乡地区性别比例的失衡，导致婚姻市场竞争加剧，结婚成本高企，特别是人口的跨区域流动产生了严重的男性婚姻挤压。在经济落后的农村地区，家庭没有足够的储蓄支付高额的彩礼，导致初婚年龄被动延迟。最后，从整体来看，经济越发达的地区青年初婚年龄越大，而在经济落后的农村地区，存在大量未达法定结婚年龄就成家的青年。2019年，全国适婚人口平均初婚年龄为 25 岁，城镇适婚人口平均初婚年龄为 27 岁，一线城市适婚人口平均初婚年龄在 30 岁以上，如上海适婚人口平均初婚年龄为 30.65 岁，发达地区适婚人口晚婚的现象较为明显。相反，早婚早育主要出现在经济较落后的农村地区，特别是中西部少数民族聚居地区。

二是进入成长期的时间差异。受我国传统上"多子多福""早生孩子早享福"等思想的影响，在家庭形成后快速完成生子任务，从形成期到成长期的时间较短，且这种现象在农村更为普遍。首先，从我国城乡家庭的现实情况来看，家庭形成后首先要解决的问题之一是住房问题。城镇住房的市场化改革和房地产价格的快速上涨，导致城镇家庭形成后，如果没有父母的代际支持，则需要家庭进行更长时间的储蓄才能完成购房。而农村家庭拥有宅基地，建房成本较低，即使短期不进行自建住房，更多新形成的家庭通过暂时与父母同住来解决住房问题，因而，与城镇新形成家庭相比，农村新形成家庭的购房负担更小。其次，城镇青年优生优育观念更强，且城镇青年思想更为开放，会更加主动地安排生育子女的时间。农村青年受"传宗接代"思想的影响，更有可能选择顺其自然，因而家庭在形成后更有可能迅速进入成长期。最后，就业因素。由于城乡青年就业性质的差异，城镇青年就业和职业升迁压力更大，城镇家庭更可能基于就业和职业的考虑而推迟子女的出生，而农村家庭这方面的约束则小很多。

三是家庭成熟期支出结构的差异。城乡家庭结构和所处的社会具有较强的异质性，城乡家庭进入成长期后家庭支出结构明显不同。这表现在城镇家庭进入成熟期后，家庭住房按揭贷款支出、子女教育支出、文化娱乐支出占有较大的比例。目前城乡社会保障制度存在二元差异，城镇家庭父母拥有更完善的社会保障制度，一般父母的养老支出由子女承担的比例较小。而农村家庭社会保障体系近年虽逐渐完善但标准普遍较低，农村家庭父母养老主要还是依赖自身储蓄和子女的代际支持。同时，农村家庭受乡土情结的影响，血缘和亲缘是维系家庭社会互动的主要纽带，特别是近年来在农村地区兴起的"盲目办酒"① 产生的非正常社会互动，导致农村家庭礼金支出占有较大的比例。因而，农村成熟期家庭养老支出、礼金支出比例更高。

2.2.4　生命周期与家庭金融资产选择

家庭生命周期的不同阶段具有差异化的特征。

具体来看，家庭形成期指从结婚到子女出生的阶段，也被形象地称为"筑巢期"。该时期以 25 岁至 35 岁者居多，因结婚、购房、购车等大项目支出较大，资产相对有限。如果在此期间有购房支出，则通常需背负长期高额的房贷，且为迎接子女的出生，家庭有刚性储蓄和理财需求，夫妻二人面临较大的收入支出压力。在家庭金融资产配置上，一般受制于储蓄低，可用于投资的资源不多，但夫妻二人年龄较低且收入处于上升期，因而可承担较高的风险，在储蓄的基础上进行风险性金融资产投资。从家庭理财规划的角度来看，家庭一般会以流动性较强且有一定收益的银行存款、货币基金为主，适当介入基金、保险和股票投资。

家庭成长期指家庭子女出生的阶段，主要特征就是家庭成员增加，夫妻年龄一般在 30 岁至 45 岁之间。随着子女的增加和工作经验的积累，家庭收入也在增长，有一定的财富积累用于投资，家庭面临更多的责任，家庭生活支出、教育支出的压力都较大，且这些主要支出都是刚性支出，弹性较小。特别是教育支出金额较大且逐年增加，往往成为家庭储蓄最重要的用途之一。家庭需要根据收支情况对金融资产配置情况进行适时恰当的调整，充分考虑金融资产的安全性和稳健性，分散投资，风险性金融资产的配置比例可适当增加。

家庭成熟期为子女出生到第一个子女离开家庭的阶段，这个阶段家庭成员比较固定，因而有时也称为"满巢期"，夫妻年龄在 40 岁至 55 岁之间。这个阶段夫妻双方的事业往往达到高峰，是家庭收入最高的阶段，家庭购房购车等大额必需的支出基本完成，子女大学教育支出、自身教育支出成为主要的支出形式。在这个阶段，家庭拥有丰富的社会阅历，可用于投资的资源多，金融资产组合更加多元化，同时，会为未来的养老进行储

---

① 传统上，农村家庭红白喜事办酒，亲戚朋友通过互送礼金的形式，发挥着社会互助的作用，并部分承担着社会保障的功能。但近年来出现了无正常理由举办酒席并相互攀比的现象，增加了家庭的礼金支出。

蓄。因而，成熟期的家庭持有金融资产的金额和数量都较多，往往会进行储蓄、保险、股票等多种配置。

家庭收缩期伴随着子女的离开，原生家庭开始独立生活，始于第一个子女离开终于最后一个子女离开。这个时期家庭成员随着子女的离开逐渐减少，家庭规模逐渐缩小，夫妻年龄一般在 45 岁至 60 岁之间。家庭收缩期是原生家庭分裂和解体的开始，但也是子女新家庭生命周期的开始。从传统来看，子女的离家不仅表示原生家庭的收缩，随着子女组建新的家庭，还意味着子女与父母关系的变化，即父母对子女不再是教导关系，而是平等关系。当然，在传统农业社会，子女离开家庭以结婚成立新的家庭为标志，但在现代工业社会，子女离开家庭还包括接受大学教育或寻找工作机会。特别是随着社会的变革和城镇化进程的推动，带来了大规模的人口迁移和流动，离家求学和寻找工作成为家庭规模收缩的主要因素。这个时期，子女教育支出和婚姻支出是这个阶段家庭的主要支出，特别是我国子女成家的支出较高，如结婚支出、为子女购置房产等。同时，家庭逐步退出职业巅峰，收入有一定下降。因而，在金融资产选择上，家庭往往会减少金融资产的持有，通过子女婚姻的方式实现代际转移。

家庭空巢期始于最后一个子女离家止于夫妻一方离世，家庭在这个阶段的主要特征是夫妻双方携手共度老年生活，因而也被形象地称为"空巢期"。随着职业生涯接近尾声及退休，家庭收入有所下滑，家庭支出主要是医疗支出，医疗支出随着年龄的增长而增加。这个阶段家庭收入往往小于支出，只能通过年轻时的储蓄或接受子女的支持实现平滑生命周期消费的目的。这个阶段的家庭偏好风险厌恶，在金融资产的配置上，倾向于减少风险性金融资产增加储蓄性金融资产配置比例。

家庭解体期的标志性事件是夫妻的离世，夫妻双方任何一方的死亡代表家庭解体的开始，另一方死亡代表家庭的彻底解体和消失，家庭余下的金融资产成为遗产。在现代工业社会，家庭解体的方式除了死亡，还有一种方式就是离婚，但也有学者认为，离婚并不是家庭的彻底解体，仍然是另一个家庭生命周期的延续，因为其本身和家庭生育、子女离家等没有必然的联系。

根据上述家庭不同生命周期金融资产选择重点，结合目前国内外家庭理财行业对于家庭生命周期的投资理财建议，笔者总结了家庭在生命周期各阶段的特征及金融资产的选择重点，详见表2.2。

表 2.2　家庭生命周期各阶段特征及金融资产选择重点

生命周期阶段	主要特征	理财重点	核心金融资产比例
形成期	刚就业，承担房租，为婚姻进行储蓄	意外保险、现金规划、投资规划	股票 70%，债券 10%，货币 20%
成长期	结婚，家庭人口规模扩大，收入稳定增加，购房并支付房贷	购房规划、意外保险	股票 60%，债券 30%，货币 10%
成熟期	家庭收入稳定，有财富积累，子女教育及老人医疗支出大	子女教育基金、意外保险、养老规划	股票 50%，债券 40%，货币 10%
收缩期	子女独立，房贷还清，收入大于支出	退休规划、资产组合调整	股票 20%，债券 60%，货币 20%
空巢期	夫妻共度晚年，风险承受能力下降，投资以稳健为主	养老规划、遗产规划	股票 10%，债券 70%，货币 20%
解体期	独居生活	储蓄性投资为主	债券 70%，货币 30%

资料来源：笔者根据相关资料整理。

从表 2.2 我们可以看出，在家庭生命周期的不同阶段，家庭的经济特征和背景特征均有很大的差异，金融资产配置的目标和理财重点也有明显的差异。比如成长期的家庭，虽然收入有一定的增加，但随着家庭子女的出生，家庭消费支出、教育支出、养育支出、住房按揭支出等也相应增加，且这些形式的支出刚性较大，家庭面临上有老下有小的阶段。在这个阶段，家庭主要收入成员的意外导致的收入冲击，将严重影响家庭消费的稳定，意外保险是家庭金融资产配置的重点。家庭金融资产选择的资金主要来源于收入和支出的差额，在不同的生命周期，家庭的收入和支出结构的差异以及家庭的风险偏好，直接导致家庭金融资产选择的异质性。因而，家庭生命周期阶段对金融资产选择有重要影响。

2.3　二元经济理论

我国作为典型的发展中国家，具有显著的城乡二元经济特征，在这种二元经济体系下，城乡家庭金融供给、金融资产选择都具有明显的二元性，并直观地表现在两个方面：一是农村家庭更偏好储蓄性金融资产，而城镇家庭更偏好风险性金融资产；二是正规金融机构扎堆于城镇地区，农村地区金融服务的可得性较低。虽然互联网的应用和智能手机的普及延伸了金融服务的半径，但二元经济结构背后形成的微观家庭金融素养、宏观金融政策与制度的差异，仍是形成金融资产选择城乡差异最重要的原因。

2.3.1 古典经济学框架下的二元经济

二元经济理论始于刘易斯（Lewis）对经济增长问题的研究，他认为发展中国家存在传统农业经济体系和现代工业体系并存的经济体系。他将国民经济部门分为以农业、手工业为主的传统部门和以工业为主的现代部门。传统农业部门生产规模小，技术比较落后，生产的主要目的是家庭消费，产品很少通过市场进行销售，存在大量隐性的剩余劳动力；相反，现代工业由于生产规模较大，生产和管理技术较高，产品通过市场"惊险的一跃"实现销售和盈利，利润沉淀产生的资本积累有可能吸收农业部门的剩余劳动力。两个部门生产要素投入的结构和生产率差异较大，具体来看，传统农业经济体系由于土地资源有限，人口数量大，劳动的边际生产率较低甚至接近于零，因而农业部门能够为工业部门源源不断地提供大量低成本的劳动力；而现代的工业部门能够在工资水平不变的前提下雇佣农业部门的劳动力，能够进行资本积累并进行扩大再生产。

刘易斯认为，在两部门二元经济格局下，工业部门充分利用现代技术，生产效率高，农业部门的生产效率往往难以突破，现代工业部门通过技术改革和扩大再生产带动经济增长，农业部门被动地为工业部门提供粮食和劳动力，剩余劳动力从农业部门转移至工业部门，社会总产量和人均经济产出都会增加。经济发展的过程就是现代工业部门将经济剩余投入再生产，扩大生产规模，吸纳农业体系的剩余劳动力。这种循环过程将一直持续至农业部门的剩余劳动力全部转移完成，此时国民经济从二元经济转向一元经济。在刘易斯二元经济结构框架下，经济发展过程的基本前提条件是"劳动力的供给无限"，农业部门天然地存在大量低生产率的劳动剩余，即隐性失业。

如图 2.1 所示，横轴代表工业和农业部门的劳动量，纵轴代表劳动的边际产品，即劳动者的工资水平。OM 代表目前工资水平，边际产品为零时的劳动量为 OQ，工业部门按 OM 支付工资时雇佣的劳动量为 OP。在第一阶段，社会总收入为 ON_1Q，可以分为三个部分：OMR_1P 是工业部门劳动者获得的工资，MN_1R_1 是工业部门最初的利润，而农业部门获得的收入为 PR_1Q。在这个阶段，国民经济存在工业部门和农村部门，即存在"二元结构"。工业部门会将一部分剩余作为资本积累投入扩大再生产，随着工业部门资本积累的增加，吸纳的农业部门剩余劳动力就越多。在第二阶段，由于农业部门的劳动生产率低，而工业部门的劳动生产率更高，所以整个社会的劳动生产线就从 N_1R_1 外移至 N_2R_2，工业部门吸纳农业部门剩余劳动力的能力进一步增加。只要农业部门还有剩余劳动力，这个过程就会一直持续下去，直到农业部门的全部剩余劳动力转移至工业部门，二元结构演变成一元结构，完成这一阶段的关键是资本积累。

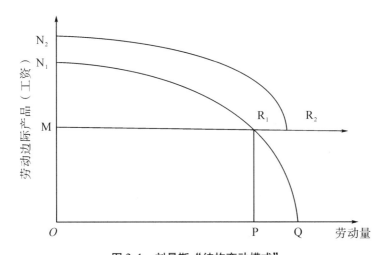

图 2.1　刘易斯"结构变动模式"

资料来源：笔者根据相关理论自行绘制。

刘易斯认为，工业部门扩大再生产需要从农业部门转移劳动力，而为这些劳动力支付的工资取决于农业部门的收入水平，用现代经济学的观点来说，就是农业部门劳动者的机会成本。在大多数人从事农业、手工业的农业部门，劳动收入取决于农业平均产值。只有工业部门支付的工资高于农业部门，农业部门的剩余劳动力才会转移至工业部门。而且，只有农业部门的工资和工业部门相等时，两部门的总劳动才会保持稳定。他认为，这主要是因为城镇生活成本高于农村，以及城镇工业部门工会的作用、从农村迁移至城镇的心理成本等。实际上工业部门的工资始终要高于农业部门，农业部门工资是工业部门工资的下限。

但刘易斯的二元经济理论也存在一些缺陷，如忽视农业部门给工业部门的贡献，认为农业部门只是为工业部门提供劳动力，因而拉尼斯（Ranis）和费景汉（Fei）于1964年对刘易斯的二元经济理论进行了修正。他们在考虑两部门平衡增长的基础上，对二元经济理论进行了完善。在修正的理论中，他们认为农业对经济发展也有重要作用，如果农业部门的生产效率很低，生产的粮食剩余不能够保证工业部门的需求，工业的扩张必然受限。因而，农业技术进步是提高农业部门生产效率的基础，也是农业剩余劳动力增加和转移的前提条件。一旦农业部门没有粮食剩余，则工业部门就没有农产品和粮食供应。农业部门和工业部门均衡发展才是国民经济持续增长的长期条件。

在此基础上，他们将二元经济向一元经济转变的过程分为三个阶段：第一个阶段，假设农业部门的劳动边际生产率几乎为零，因而存在大量的隐性失业，劳动的供给很大。第二阶段，随着农业部门劳动力的转移，工业部门吸纳劳动力的增加，导致粮食供给不足，粮食价格上涨，工资上升，工业化进程受阻。这样，社会将对传统农业部门进行改造，通过工业化模式对粮食生产进行规模化，克服粮食短缺，实现农业产品商品化。第三阶段，随着农业部门生产效率的提高和劳动人口的减少，农业部门的粮食剩余可以满足工业部门的消费需求，保证了工业部门劳动人员的生活需求，继续推动现代工业部门的发展，二元经济结构演变为一元经济。因此，农业促进工业增长的作用主要表现为两个方面：一是为工业部门提供粮食剩余，二是为工业部门提供劳动力剩余。

在1961年，乔根森（Joregensen）也创立了二元经济结构理论，其基本观点有两个方面：一是农业部门并没有边际生产率为零或小于零的剩余劳动力。二是农业部门产生的农业剩余是工业部门产生、增长的前提和限制。如果没有农业剩余，劳动力转移就不会出现，工业部门不具备发展的人力基础。农业剩余越多，人口转移的规模越大，工业积累和工业增长也越大。农业劳动力的转移规模与农业剩余规模保持一致。在农业和工业的发展过程中，农业部门和工业部门的工资也不是一成不变的，而是有一个增长的趋势，但工资的增长取决于技术进步和资本积累率。为了引导农业剩余劳动力向工业部门转移，工业部门的工资必须高于农业部门，且两者的比率是固定的，因而随着工业部门工资的增加，农业部门的工资也会按同一比例上升。

2.3.2 凯恩斯主义框架下的二元经济

一些发展中国家，在农业部门还有大量剩余劳动力时，就出现了社会有效需求不足的情况，大量的剩余劳动力不能与工业部门的剩余生产力进行有效结合，无力促进经济发展。对于这种现象，古典二元经济结构理论不能做出合理解释。正是在这一背景下，有的学者将凯恩斯的需求理论引入二元经济框架，用于分析发展中国家经济发展。其中，卡尔多模型和拉克西特模型是典型代表。

卡尔多（Kaldor）将农业部门内部消费的农产品剩余定义为农业剩余，并提出农业部门的有效需求不足也制约了工业部门的发展，农业和工业部门互相依赖。因而，农业部门不只是为工业部门提供剩余劳动力，也是工业生产的需求部门。在农业落后的国家，农业生产剩余是比较少的，因而农业生产剩余可以作为衡量经济发展的重要指标。卡尔多认为：工业部门的发展是建立在自身积累基础上的，工业部门只有将产出的一部分用于再投资，工业部门才有增长的可能。卡尔多意识到市场有效需求在经济发展过程中对经济增长的影响，这一观点继承了凯恩斯的需求理论。在经济发展的初期，在农业部门占据主导地位的二元经济中，对工业部门生产的工业产品的有效需求，不仅来自工业内部，也来自农业部门。

拉克西特（Rakshit）在20世纪80年代重点研究了欠发达国家有效需求不足的问题，他认为有效需求不足是许多发展中国家的基本特征。他认为农业部门有过剩劳动力，工业部门有过剩生产力，工业部门的生产是两部门的需求共同决定的。在农业部门有大量剩余劳动力的情况下，非农业部门可以在短期内扩大生产。同时，以农产品表示的实际工资水平是固定的，且农业部门的工资低于非农业部门。他同时还假设，农业部门内部有地主和农民两个阶级，他们的全部收入均用于农产品和非农产品的消费，工业部门的工人也如此。因而，非农产品的市场需求来源包含地主、农民和工人三部分，地主和农民对非农产品的需求等于农业部门的市场剩余。

基于这些假设，拉克西特认为，非农业部门的产出水平由农业部门的生产剩余和非农业部门对农产品的消费决定；非农业部门对农业部门剩余劳动力的吸纳能力由城乡工资差异、对农产品的消费倾向和农业部门的生产条件决定。值得注意的是，大多数发展中国家的人口密度较大，而农业部门的粮食剩余有限，普遍存在粮食供给约束问题，阻碍了工业部门的进一步发展。

但是，发展中国家经济体量小，其市场最优投资水平不高，导致追求收入和就业最大化的短期政策目标和追求经济快速发展的长期政策目标相冲突。政府可通过财政和税收政策鼓励资本积累，只有农业和非农业两部门的投资水平都提高后，社会收入水平才会提高。如经济存在供给约束，政府可以通过限制居民消费来提高两部门的生产水平，但减少非农产品的消费比减少农业产品的消费更加可行。

我们可以发现，二元经济结构不是某一个国家和地区特有的经济现象，而是所有国家在工业化进程中都必然会经历的发展阶段，区别在于二元经济结构持续的时间长短。从两个部门生产要素投入情况来看，农业部门主要投入要素是土地和劳动力。土地作为一种要素投入，某一个地区或国家可供农业部门生产的土地是相对固定的，而且与地形地貌、土壤类别相关，因而农业产量必然受土地数量和质量的限制。且传统上农业部门主要使用劳动密集型的耕作技术，这种技术积累主要靠经验积累，技术进步较缓慢。从农业发展的历史来看，在没有发生重大农业技术突破的时候，农业部门的生产效率基本稳定。现代工业部门的投入要素是资本和劳动，厂房、设备等物质资本的增加对工业产出有很大的作用，且这些物质资本是可以积累的，这就导致工业部门的规模和产出可以不断扩张，而不像农业部门那样受土地数量的刚性制约。工业部门使用现代化技术，在资本要素投入的刺激下积累和进步速度比较快。从长期来看，工业部门的人均产出水平能够保持持续增长趋势。

2.3.3 二元经济与家庭金融资产选择

作为发展中国家，我国以户籍为基础形成了一系列制度及政策的城乡差异，导致城乡经济二元结构特征明显。在这种结构下，城乡间的要素流动相对独立，工农产品价格存在"剪刀差"，使城乡之间资本积累有显著差距，导致了城乡家庭在收入、金融供给等方面存在不同，并对家庭金融资产选择产生深远影响。具体来看，二元经济对城乡家庭金融资产选择的影响主要体现在以下几个方面：

首先是家庭收入的城乡差异。家庭收入是家庭维持日常生活和进行投资的基础，从宽泛角度来看，家庭金融资产选择作为一种金融消费，也可视同一种消费行为。收入是家庭消费理论中的核心变量，家庭收入的多少和收入的稳定性，对家庭金融资产选择产生基础影响。平均来看，城镇家庭收入的金额和收入的稳定性远高于农村家庭，这是城镇家庭金融资产配置数量高于农村家庭的根源。在家庭收入金额方面，城镇家庭处于工业部门体系，资本积累和生产效率更高，家庭收入也更高。而农村家庭处于农业部门体系，传统农业技术进步缓慢，农业受土地供应的刚性约束，资本的积累和生产效率更低，导致农村家庭的收入低于城镇家庭。在家庭收入的稳定性方面，城镇家庭收入风险更低，也有更多的社会保障制度，农业部门收入与自然环境和天气变化高度相关，且我国农业以家庭为单位，农产品的市场价格波动较大，农村家庭收入风险更高。因而，二元经济下形成的城乡家庭收入差距是金融资产选择不同的根源。

其次是金融供给的城乡差异。我国四大国有专业银行成功实现向商业银行改革，盈利性逐渐成为商业银行追求的主要目标之一。金融机构传统物理网点提供金融服务的半径小，而农村地区家庭居住分散，距离城镇越远的农村家庭获得金融服务的成本越高。家庭联产承包责任制导致农村家庭的生产规模普遍较小，家庭即使有信贷需求也存在金额较小的情况，金融机构在农村地区提供金融服务的收入和成本不匹配，导致农村地区的金融盈利性较差。基于盈利性考虑，四大国有银行逐渐撤并农村网点，减少农村金融的供给，降低了农村家庭获得金融服务的可能性，且金融资产组合也更单一。与此同时，农村金融市场正规金融的退出，为民间借贷等非正规金融留下了空间。相反，由于城镇家庭收入更高，居住更集中，金融机构提供服务的收益更高，因而，以银行为代表的正规金融机构向城镇聚集。一方面，大量的农村资金通过这些金融机构转移至城镇，为城镇经济发展和城镇家庭提供更多的资金来源。另一方面，金融改革和市场竞争，推动金融产品多样性和服务便捷性，提高了城镇家庭金融可得性。整体来看，与城镇家庭相比，农村家庭更难以获得信贷支持，供给型信贷约束的可能性和强度也远大于城镇家庭。

再次是金融需求的城乡差异。以家庭为单位的农户生产经营模式，扩大再生产面临土地数量的刚性约束，在没有出现自然灾害或意外事故的前提下，家庭的积累一般能够保证农业生产的连续性，因而家庭维持生产经营一般不需要外部资金支持。城镇家庭住房、汽车等固定资产购买金额大，往往需要金融信贷支持，因而城镇家庭的信贷需求更高。更重要的是，城乡家庭认知上的偏差对金融需求有抑制作用。相较于城镇家庭，农村家庭受教育程度更低，对相对复杂的金融产品和借款申请审批流程难以理解，更容易存在信贷认知偏差。即使存在真实的信贷需求，一是不知道如何向金融机构申请，也缺乏有效的咨询渠道；二是主观认为难以获得金融支持而放弃申请，抑制了金融信贷需求并产生需求型信贷约束。

最后是城乡家庭资产属性的差异。房产作为城乡家庭最重要的资产，城乡房产的属性截然不同，导致获得信贷支持和财富效应的城乡差异显著。农村住房因宅基地不能入市交易，抵押价值较低，因而居住属性远大于投资属性。受宅基地不能入市交易政策的影响，其价值增值空间很小，流动性不足，农村住房难以形成财富效应。土地承包经营权作为农村家庭另一种主要资产，也面临入市交易和办理抵押的政策壁垒。在"当铺银行"思维的影响下，资产属性的差异导致农村家庭抵（质）押品普遍缺失，这是农村家庭难以获得信贷支持的重要原因。相反，商品房预售制度和住房按揭借款的盛行，为城镇家庭获得信贷支持提供了可能性，且城镇住房的投资属性更强，家庭可以通过按揭贷款、抵押贷款提高财务杠杆比率。更值得关注的是，城镇住房价格的快速上升带来的财富效应，提高了城镇家庭的财富水平，促进了城镇家庭金融配置，改变了城镇家庭的风险偏好。

2.4　金融发展理论

金融发展不足是发展中国家普遍存在的问题，也是我国除一线城市外的大部分中西部城乡地区面临的现实。这既制约了地区宏观经济的发展，也影响了微观家庭金融资产选择行为和结果。金融发展通过推动宏观经济增长和金融制度改革，为家庭金融资产选择提供经济基础和改革红利，也助推中国金融机构的市场化改革，改善地方金融生态，增加金融供给。金融发展不足对家庭金融资产选择的影响表现在供需两方面：一是在供给层面，地区金融发展不足，金融抑制普遍存在，导致金融竞争不充分，金融服务的价格较高，金融产品供给也更单一；二是在需求层面，金融发展不足，家庭金融服务和金融咨询的可得性更低，更容易出现金融素养不足的情况，家庭金融需求受到抑制。

2.4.1 金融发展理论的形成

第二次世界大战结束后，以发展中国家为主要研究对象，发展经济学得到学术界和政府的重视。在 20 世纪 50～60 年代，格力（Gurley）、肖（Show）、麦金农（Mckinnon）和戈德史密斯（Goldsmith）研究了发展中国家的金融问题，并涌现出一系列研究成果，奠定了现代金融发展理论的基础。他们认为金融的主要作用是通过将储蓄转化为投资，从而促进社会经济增长，金融在经济增长中的作用由此得到重视。

麦金农和肖认为发展中国家普遍存在较严重的金融抑制，表现为政府对市场利率进行价格管制，在较高通货膨胀率情况下，市场的实际利率为负值。这种管制导致的负利率，损害了储蓄者的利益，储蓄有可能下降，削弱了金融体系资金聚集能力，不利于金融市场的发展。更重要的是，负税率的本质是向债务人进行价格补贴，从而刺激信贷需求，造成资金供小于求的局面，致使需要实行信贷配给。但政府往往根据自己的偏好或目标进行资金分配，削弱了金融的资金配置功能。在这种情况下，政府往往通过配给来分配金融资源，扭曲了金融市场配置资源的功能。因而，他们的政策建议就是放松利率管制，控制通货膨胀，发挥市场利率在配置金融资源方面的基础作用。

帕特里克（Patrick）认为金融与经济的关系有"需求追随"和"供给领先"两种。一般来说，在实践中"需求追随"现象和"供给领先"现象往往交织在一起。在经济发展的早期，经济主体的金融需求单一，金额较小，存在"供给领先"的情况。但随着经济的发展，企业的需求更加多元化，金融机构更需要进行产品创新以满足企业需求，因而"需求追随"逐渐居于主导地位。帕特里克认识到金融体系在优化资本构成、促进资源配置方面的作用，指出在发展中国家，需要优先发展金融体系，通过金融体系带动实体经济发展。

戈德史密斯（Goldsmith）开创性地研究了金融结构、金融发展对经济的影响。他通过对 35 个国家的金融发展史进行比较研究，建立了衡量金融发展水平的指标，奠定了现代金融发展理论的基础。他建立了衡量国家金融结构的 8 类指标，其中最著名的是金融相关率（FIR），即金融资产价值与该国经济活动总量的比值。人们常用金融相关率去说明经济货币化的程度，常用"金融资产/GDP"表示。整体来看，金融相关率总体有提高的趋势，但提高是有限度的，在达到某一阶段后，特别是 FIR 达到 1 至 1.5 时，该比率就会趋于稳定。发展中国家的 FIR 一般在 2/3 至 1 之间。经济发展与金融发展之间存在着大致平行的关系，经济高速增长的时期也是金融发展速度较高的时期。

2.4.2　金融发展理论的发展

在第二次世界大战结束后，大量亚、非、拉殖民地实现民族独立并成为新兴发展中国家，怎样发展经济，缩小和发达国家的差距成为其首要目标。但这些新兴国家的政府管理者，更倾向于通过行政手段来干预经济行为，在金融领域实施行政干预和政府管制，特别是以拉美为主的部分国家实施进口替代型经济发展战略，即通过财政补贴或低息贷款的方式，对一些产业进行政策扶持。同时，货币的大量发行使经济面临较高的通货膨胀率，实际利率为负。麦金农和肖从不同角度对这种非市场的干预行为进行批判，认为这是金融抑制的表现，并提出了发展中国家的发展道路（金融深化），得出了基本一致的结论，因此其理论学说通常被归结为 Mckinnon-Shaw 金融发展理论体系，标志着金融发展理论正式形成。此后，陆续有学者从不同角度验证和发展了麦金农和肖的理论体系，金融发展理论基本成型。

麦金农和肖的金融发展理论的主要观点包括：

一是经济发展和金融体系具有互相促进的作用。健全完善的金融体系可以有效地将社会资金迅速转化为投资从而促进经济的发展；反之，经济的发展也会带动居民收入和社会财富的增加，对金融服务的需求也会增长。

二是发展中国家经济和金融均处于发展阶段，落后的金融很难促进经济的增长，经济发展缓慢也不利于金融的发展，从而使金融和经济存在恶性循环的可能性。他们认为其根本原因就是金融抑制，在金融领域表现为对利率和汇率的控制，使其低于市场均衡水平。这些金融抑制往往不能达到发展经济的预期目标，反而对经济发展起了反方向的抑制作用。

三是金融抑制使发展中国家财政赤字增加，通货膨胀率上升，政府为了控制物价会进一步采取金融抑制措施，从而形成恶性循环。国家通过较高的存款准备金率、信贷规模配给制、给国有企业提供低息贷款等措施，使国内的资金大量流向政府控股的国有企业，通过税收及较高的市场准入，限制民营经济和国有经济竞争。在通货膨胀环境下，银行体系的利率管制导致实际利率低于市场利率，间接鼓励资本向有限的资产流动，加大通货膨胀压力，同时大量货币流出银行金融体系，导致金融"脱媒"问题，在直接融资渠道占主体地位的发展中国家，引发投资下降、经济衰退。

金（King）和莱文（Levine）建立了包括发展中国家和发达国家在内的一般金融发展理论。他们从金融功能这一视角入手，研究金融发展对经济增长的作用，特别是对全要素生产力的影响。虽然金融功能对全要素生产力的重要促进作用得到了许多学者的认可，却一直没有找到计量金融功能的指标，而金和莱文创造性地建立了指标体系。

同时，金和莱文为了检验金融发展与经济增长之间的因果关系，利用80个国家1960—1989年的数据进行检验，在控制了经济增长的长期影响因素的前提下发现，一是金融中介刺激了全要素生产力的增长和长期经济增长。二是金融发展初始水平的差异能够很好地预测以后的经济增长水平之间的差异，即使在控制了财政政策等变量后亦是如此。三是金融发展不足会导致"贫困陷阱"，即如果金融没有得到良好的发展，即使经济增长具备其他条件，也难以实现真正的有效增长，因而金融发展是因，经济增长是果。

随着不确定性偏好、信息不对称理论、逆向选择和道德风险等理论的完善，一些学者将这些创新理论引入金融发展理论并建立各种具有微观基础的模型，去解释金融中介和金融市场的形成机制。当社会经济发展到一定阶段后，社会财富有较大的积累，会产生金融中介和金融市场需求，部分高收入群体也有能力和动力去支付相关费用。人均收入的持续增长促进了金融的发展。在初始阶段，金融中介和金融市场是互补的，但由于金融中介的效率高于金融市场，因而金融中介往往优先于金融市场得到发展，即在初始阶段，银行金融机构主导的金融体系效率更高。随着经济的发展和金融市场的建立和完善，一部分社会储蓄从银行金融机构转移到金融市场。特别是随着金融市场对外开放程度的提高，国内企业可能会通过国际资本市场发行股票、债券等，金融市场国际化在一定程度上可以弥补国内金融体系的不足，提升国内金融体系的效率，此时银行主导的金融中介和市场主导的金融体系在效率上接近。金融发展可以使金融部门所吸收的资源减少，储蓄更多地转化为投资，促进经济增长。金融体系收集的信息具有价格发现和风险分担功能，能够促进投资和创新活动，提高资本配置效率。

卡普尔（Kapur）、赫尔曼（Hellman）、斯蒂格利茨（Stiglitz）等经济学者将内生增长和内生金融中介引入金融发展模型，提出了"金融约束"的观点及政策主张。他们认为金融约束与金融抑制、金融自由化不同。金融自由化是需要前提条件的，如良好的宏观经济环境、稳定的物价、公平的税收、严格的财政、相互竞争的商业银行等，只有相关条件成熟了才具备金融自由化的可能性。金融抑制到金融自由化必然经过金融约束，是金融发展的必经阶段，也符合渐进式的改革思路。针对金融约束，他们认为，政府可通过制定一系列的金融政策，在金融部门和生产部门通过鼓励创新，维护金融稳定，从而对经济发展起到促进作用。金融约束强调政府干预的重要作用，认为选择性的政府干预有助于金融发展。因而，对于发展中国家来说，应根据经济发展的状况及时调整金融约束的程度，逐渐过渡到金融自由化。

2.4.3　金融发展与家庭金融资产选择

金融发展是地区金融现代化、改善地区金融生态的重要途径。金融发展程度高的地区，金融机构的服务水平和家庭的金融能力更高，更容易获得金融信贷支持和提高家庭金融资产配置。我国的现实是金融发展结构具有明显的城乡二元金融结构特征，主要体现在两个方面：

一是发达的金融中介和资本市场主要在大城市，而相对落后的金融中介和信用合作社主要在农村，两种截然不同的金融市场相互割裂但又并存，这是二元城乡金融发展格局下，我国货币市场或资本市场发展不均衡的结果。在我国农村地区，自然经济占很大比重，经济货币化、商业化的程度都不高，金融市场特别是资本市场发展滞后，导致金融市场的资源配置功能较弱。农村信用合作社往往是农村家庭获得金融服务的主要渠道。由于农村信用合作社的规模较小，专业人才缺乏，导致管理不规范，因而其市场竞争力和金融服务能力并不强。虽然近年来各地方信用合作社经过合并与重组成为地方性商业银行，但其发展重点也有逐渐向金融发达的城镇地区转移的趋势。城镇地区大型金融机构、证券公司、保险公司的密度远大于农村地区，这些相对发达的金融中介为城镇家庭提供了优质高效的金融服务。

二是正规低成本的金融主要在城镇地区，而非正规的高成本金融主要在农村地区。正规金融市场获得了政府的许可，一般都有很严格的金融监管和市场准入，其资金来源于城乡家庭或企业的闲置资金，有合法、稳定且低成本的资金来源，一般采用规范化的现代企业经营模式，风险控制能力比较强，因而信用等级一般都较高。相反，非正规金融市场是无组织的，政府的监管相对乏力，交易的隐蔽性较高，资金供给来源狭窄且成本较高，管理不规范，风险控制能力很弱。两种金融市场在资金供给方面的先天差异，导致利率也存在明显的差别。非正规金融在农村地区发挥着重要的作用，如民间借贷、朋友拆借等。与农村家庭相比，城镇地区正规金融机构的密度和服务能力远高于农村地区，城镇家庭参与大量正规金融活动，如房贷、车贷、装修贷、信用卡、证券、保险等。

从我国城乡家庭金融资产选择的现状来看，农村家庭更偏好储蓄性金融资产且资产组合更单一，城镇家庭相对偏好风险性金融资产且资产组合相对多元化。非正规金融在农村地区更为广泛存在，源于农村存在更严重的金融抑制。金融深化的过程就是非正规金融收缩的过程。虽然近年来金融科技和智能手机的普及，突破了传统金融机构物理网点服务半径的局限，但城乡家庭金融资产选择的差异并没有缩小，城乡金融的发展差距仍然很明显。

3 家庭金融资产选择的理论框架

家庭是社会的基本单元。家庭金融市场参与可能性、深度及投资绩效受多方面的影响，不仅与家庭自身经济特征、人口特征、背景特征等微观因素相关，还与家庭所处社会的金融效率、金融生态、金融建设等宏观因素相关。家庭金融资产选择是复杂的、差异化的行为，传统经典家庭金融资产选择理论的基础是理性经济人假设，然而，大量的实证研究结论与理论推导不完全一致甚至相悖。本章的主要目的是对"家庭金融资产""城乡差异"进行定义并在此基础上构建理论分析框架，这是本书研究的起点和基础。机理分析主要基于上述概念和定义，探讨家庭金融资产选择的影响因素及路径，以及与城乡收入差距的关系。本章的定义和机理分析均是在为后面的实证研究构建框架。

3.1 家庭金融资产概述

为了使后面的研究更加清晰，根据本书的研究对象和研究目的，我们需要对家庭资产、家庭金融等相关概念进行明确界定。

3.1.1 家庭金融资产的界定

传统上，家庭是以婚姻、血缘或收养关系为基础而形成的共同分享经济资源、共同决策并分担风险的基本社会单元，其本质是一种社会生活的组织方式。婚姻往往是家庭成立的标志，也是家庭生命周期的开始。家庭运用所持有的资产参与社会经济活动，如消费、投资、从事生产经营等，试图通过资产在各项投资中进行分配而获得最大效益。家庭财产和家庭资产是两个密切联系但又有区别的概念。家庭财产侧重于从法律角度进行定义，即家庭所拥有的财产，强调的是家庭对财产的所有权；而家庭资产侧重于从经济学角度进行定义，并不严格要求家庭拥有产权，也可以是只拥有控制权（所有权和控制权分离），既包括家庭自有资产（财产），也包括家庭借入的资产（负债），因而，可以把家庭财产理解为家庭资产和家庭负债的差额。但是，在现代金融体系和金融创新的环境下，在分析家庭金融资产选择时，家庭资产的概念更具有实际意义，因为家庭可能会通过金融市场负债来进行资产配置，如住房按揭贷款、汽车贷款、信用卡分期等的普及，甚至直接使用负债进行金融资产投资，提高家庭的财务杠杆率。

目前，学术界对家庭资产概念的界定有较大的分歧。狭义的观点认为家庭资产就是经济投资形成的资产[①]，广义的观点则将家庭人力资产（主要是医疗保健和文化教育等）包含在内[②]。结合研究目的，本书借鉴会计学关于资产的概念，将家庭资产定义为家庭参与社会生产获得的、能够拥有或控制的，可以用货币计量的，用于家庭投资、消费和生产经营等社会经济活动，并为家庭带来经济效益的资源，包含家庭财产、债权及其他权利。家庭资产的形式是多样化的，且有较强的社会时代和经济特征。随着社会变革和经济发展，家庭资产的表现形式也呈现出更替性，如旧石器时代的石头、农耕时代的农具及牲畜，而随着近现代工业文明的崛起，家庭资产的表现形式发生了历史性变化，如汽车、家电等。家庭资产有多种分类方法，如根据流动性可分为固定资产和流动资产，根据资产属性可分为实物资产、金融资产和无形资产。中国家庭金融调查（CHFS）将家庭资产分为非金融资产（也称实物资产）和金融资产。非金融资产主要包括房产、汽车、耐用消费品、土地资产等，金融资产主要包括现金和银行存款、股票、债券、基金、保险、外汇、各种金融理财产品、黄金等。本书依据中国家庭金融调查的分类标准，重点研究家庭金融资产选择及财富效应。

3.1.1.1　非金融资产

非金融资产一般也是有形资产，通常看得见摸得着，家庭拥有的实物资产主要有房产、汽车、耐用消费品、黄金、珠宝等。从我国家庭实物资产价值结构来看，房产占绝对优势。《中国家庭金融财富报告（2017）》数据显示，我国家庭平均房产财富占家庭财富的比例达 65.99%，在高房价的

---

① 厉以宁. 中国宏观经济的实证分析 [M]. 北京：北京大学出版社，1992.
② 边建辉. 城镇居民资产选择与国民经济成长 [J]. 当代经济研究，1998 (2)：68，71-74.

地区该比例可能会更高。即使在美国，房产也是家庭持有比例最大的资产。数据表明，1989—2007 年，美国家庭房产占家庭资产的比例均值为42%。房产在各国家庭资产结构中占比均较高的主要原因是房产具有消费品和投资品的双重属性。作为耐用消费品，房产为家庭提供居住服务，满足基本生活需求；作为投资品，房产具有保值增值功能，但具有交易成本高、流动性差的特点，并且是少数可以通过信贷增加杠杆的资产。也正是因为房产的双重属性及房产特有的金额大、难以细分的特点，房地产价格多轮上涨后，大量家庭为了购置房产存在目标性储蓄动机。因而，房产投资对家庭其他资产投资具有明显的挤出效应和财富效应，结果就是房产在家庭资产中所占的比例越来越高，甚至成为部分家庭的主要资产。随着家庭收入和财富积累的增加，在解决吃、穿、住、用后，汽车逐渐成为家庭的一项重要实物资产。相较于其他实物资产，汽车除了支付固定的购买成本外，在使用过程中还需要支付较多的可变成本，如燃油、保险、维修、保养等。

在我国城乡二元格局下，城乡收入差距较大，且城乡家庭生产和生活方式不同，导致城乡家庭实物资产结构也呈现显著的差异。具体来看，农村家庭实物资产主要是房产、耐用消费品和生产性固定资产以及交通工具，城镇家庭主要是房产、汽车和耐用消费品。农村家庭持有的房产因不能进行市场交易，只有居住属性而几乎没有投资属性，导致农村家庭不能分享房产价值上升带来的红利，房产的财富效应未能得到体现。也正因为农村房产投资属性的缺位，导致农村建房很难获得金融支持，修建房屋所需要的资金主要来源于自筹和民间融资，房产的挤出效应显著。城镇家庭的实物资产更容易获得信贷支持，家庭的债务比率更高。

3.1.1.2 金融资产

从当前我国金融市场交易的产品来看，我国家庭持有的金融资产主要包括现金及现金等价物、银行存款、理财类产品、债券、股票、基金、保险，还有少部分家庭持有外汇、黄金、金融衍生品、虚拟货币等。家庭持有的最常用的金融资产是货币及货币等价物，具体包括现金、银行存款、汇票、支票以及电子货币等。其中现金和银行存款安全性最高、流动性最强，能够满足家庭日常消费需求和风险偏好，是家庭传统的主要金融资产。银行存款和债券因收益较固定，也称为固定收益资产，也是广大家庭特别是风险规避家庭主要选择的金融资产。家庭通过配置银行存款和债券，在获得稳定利息的同时，也为资金需求部门提供资金来源，通过金融中介实现资金融通。随着中国资本市场的发展和完善，股票、基金和保险在家庭金融资产中的份额越来越高。相比较而言，金融衍生品和虚拟货币因风险较高，专业性较强，而我国投资者掌握的金融知识普遍较少，所以其在家庭金融资产结构中占的比例不高。但期货、期权等金融衍生品具有价格发现和规避风险的功能，如果能够正确配置，可以通过套期保值、套利、对冲等手段降低家庭金融资产的风险水平。

综上所述，根据本书的研究目的，我们把家庭金融资产界定为家庭拥有或控制的，可以用货币计量的，用于家庭投资、消费和生产经营活动，能够带来经济效率的金融类资产，既包括传统意义上的现金、银行存款、债券、股票、基金等，也包括新型的金融产品，如微信支付 APP、支付宝支付 APP、P2P、电子货币等。但基于数据的可得性，在本书家庭金融资产现状和实证分析部分，未将新型的金融产品包含在家庭金融资产范围内。值得注意的是，在我国家庭资产结构中，家庭房产所占的比例很高，这种现象在城镇家庭表现得更为明显。在我国，房产虽然具有较强的金融化特征，但根据学术界的主流划分和数据可得性，我们仍将房产视为固定资产，未将其纳入本书金融资产范畴。

3.1.2　金融资产的分类及特点

本书根据研究需要和金融资产的安全性，将金融资产进一步细分为储蓄性金融资产和风险性金融资产，其中储蓄性金融资产包括现金、银行活期和定期存款、股票账户内的活期余额；风险性金融资产包括理财类产品、债券、基金、股票和金融衍生品。

3.1.2.1　储蓄性金融资产

储蓄性金融资产是指在持有金融资产期间，本金在数量上不会遭受损失，同时投资收益是固定的，持有至到期收益能够计算的一种家庭金融资产。在这类资产中，以国债、现金、银行存款为主，其中银行存款包含活期存款和定期存款，不包括国内银行自销或代销的理财类产品。储蓄性金融资产具有风险极低，流动性好，但投资收益较低的特点，因而储蓄性金融资产是家庭普遍持有的金融资产，在家庭金融资产中往往占有较高的比例，满足家庭易储蓄、流动性强、安全性高的投资需求。正是因为储蓄性资产本金和收益都固定，故经常也被称为无风险金融资产。储蓄性金融资产具有以下特点：

（1）投资的安全性高。储蓄性金融资产因为有国家或银行的信用背书，不仅其投资收益是固定的，一般情况下也不会导致本金受损。储蓄性金融资产安全性高的特点，让其成为大多数家庭必不可少的金融资产，甚至是很多家庭的全部金融资产。

（2）资产的流动性强。流动性即金融资产在最短的时间内以最低的成本变现的能力。一般来说，储蓄性金融资产因有银行信用进行背书，流动性是最高的，特别是现金。

（3）投资收益可预测。投资收益可预测性也是衡量金融资产风险水平的一个指标，主要取决于金融资产未来的现金流。未来现金流的可预测性越高，则金融资产的风险性越低。如储蓄性金融资产中的定期存款和国债，因收益率是固定的，因而未来每一期的现金流也是固定的，故其风险性较低。相反，风险性金融资产未来的现金流入很难预测，因而风险是很高的。

（4）投资的收益率较低。流动性、安全性和收益性是衡量金融资产的三维指标。储蓄性金融资产风险性低，流动性强，导致其投资收益率较低。

3.1.2.2　风险性金融资产

与储蓄性金融资产相对应，风险性金融资产持有到期，本金或收益都不确定，即持有至到期收益不能准确计量。风险性金融资产主要包括股票、非国债债券、基金、非人民币金融资产、外汇、黄金和其他金融理财产品。这类资产具有收益率较高，但流动性和安全性较低的特点，也是家庭为了资产增值而需要配置的金融资产。不同风险偏好的家庭可以通过对各种风险性金融资产进行组合，从而使风险性金融资产的配置比例与风险偏好一致。具体来说，风险性金融资产具有如下特征：

（1）投资的风险性高。风险性金融资产的收益是指家庭持有风险性金融资产期间，取得价值增值或一定利益的可能性，一般用投资收益率来衡量其高低。风险资产的投资收益来源于买卖价差、利息、红利、股息等，其中以买卖价差为主要来源，特别是高风险性金融资产。但这部分投资收益具有风险性高的特点。投资收益的不确定性不仅指收益的不确定性，还包括本金损失的不确定性。因此风险性金融资产的未来收益率具有不确定性，投资风险较高。

（2）投资的收益率高。由于风险性金融资产往往存在本金亏损的可能，风险远高于储蓄性金融资产，风险越高其获得高收益的可能性越大，即存在风险溢价。风险性金融资产往往受主体风险和市场风险双重风险的影响，即发行主体经营业绩和宏观经济环境会直接影响投资收益的大小。

（3）投资的专业性较强。相较于储蓄性金融资产，风险性金融资产的收益具有不确定性，甚至本金也有可能损失掉，特别是风险性金融资产中的期货、期权、衍生金融工具等，结构较复杂。因而，一方面需要具备一定的专业知识以理解这些资产的结构，另一方面也需要全面地分析企业经营及经济状况，因而专业性要求较高，甚至需要专业团队提供服务。

（4）组合的灵活性。相较于现金、银行存款、国债这些收益稳定的储蓄性金融资产，股票、基金、期货、期权、衍生金融工具等风险性金融产品都具备类型多样化的特征，即使是常见的股票，资本市场也提供了多种产品给投资者进行组合。

3.1.3 家庭金融资产的功能

金融资产是现代经济的产物，随着社会经济的发展，金融资产的类型和形式不断得到创新。金融资产在促进现代经济发展和调节社会资金供需，提高资源的配置效率上有积极的作用。就微观家庭而言，金融资产一般有以下几个功能：

3.1.3.1 交易功能

交易功能主要体现在货币上，凯恩斯认为家庭持有货币的一个动机就是满足交易性需求。交易始终伴随着人类经济的发展，特别是分工十分细化的今天，家庭的交易需求更加强烈。家庭通过劳动获得收入，并通过交易获得其他生活资料，可以说家庭每天都在与其他经济主体进行交易活动。即使在自给自足的封建社会，家庭也不可能生产所需的全部物资，因而也需要通过交易来获取。交易是人类经济活动的基本需求，货币产生的渊源就是为了满足人们的交易需求。家庭持有的货币、银行存款类金融资产，在交易过程中起着交易媒介的作用，满足家庭日常交易需求。

3.1.3.2 投资功能

随着社会经济发展水平的提高，家庭有了一定的财富积累，这些财富以固定资产和金融资产的形式存在。在封建社会，家庭的资产主要是住房和生产性资产。随着现代经济的发展和金融市场的创新，金融资产逐渐作为家庭持有的一项重要资产形式存在。随着家庭金融资产规模的增加，资产的保值增值就成为家庭考虑的重要问题。家庭持有金融资产的一个重要目的就是获得投资收益。不同金融资产的风险属性不同，其投资收益也有很大的差异。金融资产的投资来源于两个方面，一方面是金融资产以利息和股息方式发放的收益，另一方面是在资本市场通过低买高卖（或高卖低买）这种交易获得的价差。不同金融资产产品风险属性不同，其收益结构也有差异，一般来说，风险越高的金融资产，其投资收益可能也越高。

3.1.3.3　风险管理功能

部分金融资产产生的根源，就是为了进行风险管理，如保险、期货等。家庭通过持有这些金融资产，在一定程度上可以对家庭面临的部分风险进行有效管理，减小这些风险事件对家庭支出的冲击。如家庭持有保险类金融资产，当保险合同约定的风险事件发生时，保险赔付资金可以降低家庭因该风险事件发生的支出。家庭进行储蓄的一个动机就是应对生产与生活中的一些不确定性带来的负面影响，即预防性储蓄需求，其也是家庭的一种风险管理手段。

3.1.3.4　储蓄功能

储蓄是金融资产的一个基本功能。当家庭收入大于支出时，家庭就会把多余的部分资金以持有金融资产的形式进行储蓄，金融资产是家庭进行储蓄的载体。对部分家庭来说，目标性储蓄具有一定强制性，家庭通过储蓄可使收入和支出在时间和空间上分离。当家庭在解决基本的生活吃、穿、用、住、行后，家庭通过储蓄进行财富积累的需求越来越强。当然金融资产的储蓄功能与资产的流动性和安全性高度相关，其实际效果还与通货膨胀程度相关。

3.1.3.5　平滑功能

在家庭生命周期中，家庭收入和支出往往是错配的，因而需要通过持有金融资产来平滑各期收入和消费，使整个生命周期收入和消费支出大致保持平稳。比如，新成立的家庭，面临购房、购车、结婚、生子等重大事件，这个阶段的消费支出需求往往更高。但由于家庭刚成立，成员的储蓄基础和收入相对较低，因而，这个阶段家庭收入小于家庭支出，需要持有金融负债来平滑收支。当家庭进入中年阶段，家庭收入大于支出，既需要归还前期的家庭负债，也需要为老年阶段的支出提前进行储蓄。当家庭进入老年阶段后，家庭收入减少，需要通过前期的储蓄来保持消费支出的稳定。家庭通过对金融资产和金融负债的合理配置，起到平滑家庭生命周期收入和支出的作用。

3.2　家庭金融资产选择理论分析

正是因为家庭金融资产具有上述功能，因而随着经济的发展和家庭收入的增加，家庭的吃、穿、用、住、行等基本需求得到满足，在家庭资产结构中，金融资产配置的规模和比例也日益增加。但是，家庭金融资产持有情况也受很多因素的影响，如宏观金融政策、地区金融生态、家庭金融素养等。

3.2.1　家庭金融资产选择的内涵

针对家庭金融是什么，Campbell 在 2006 年给出如下定义：家庭金融与公司金融类似，家庭金融通过金融工具达到其目标。具体来说，家庭通过参加金融市场，通过股票、债券、基金等资产配置，实现家庭资源的跨期配置，达到平滑家庭收支和长期消费最大化的目的。家庭金融资产选择就是家庭利用拥有或控制的资源，持有一种或几种金融资产，目的是平滑生命周期消费。家庭金融资产选择有两个层面：一个层面是如何将资源在实物资产和金融资产之间进行分配，从而确定家庭金融资产的规模；另一个层面是如何在各种金融资产之间进行选择，从而确定家庭金融资产的结构。我们一般理解的家庭金融资产选择主要是第二个层面的选择。理性家庭进行金融资产选择时会在收益和风险之间进行平衡，其标准是既定风险收益最大或既定收益风险最小。

家庭金融资产选择是家庭将拥有和控制的资源，在各种金融资产之间进行配置。由于金融资产的特性不同，家庭结合自身的金融知识和风险偏好，根据金融资产的流动性、收益率和安全性，有目的地进行组合。一般而言，家庭进行金融资产选择可以满足两个需求：一是日常的交易需求，这一需求更看重资产的流动性和安全性，对收益的要求相对更低，因而，往往选择流动性强的货币、银行存款，可以快速转化为其他资产或生活物资；二是储蓄和投资需求，这一需求更看重资产的收益率和安全性，对流动性的要求相对更低，往往选择定期存款、债券、股票等金融资产。

金融资产作为家庭财富的一种重要表现形式，具有储蓄和保值增值功能，同时，投资收益作为财富性收入的重要来源，对提高家庭消费有显著的正向影响。不同家庭的资产选择策略的差异，是家庭平衡当前各种约束条件的结果，也是导致家庭收入数量和结构差异的重要原因。整体来看，家庭金融资产选择包含两个方面：一个方面是家庭如何在金融资产和非金融资产之间进行资源配置，即家庭金融资产的规模问题；另一个方面是各种具体金融资产的选择，主要确定家庭持有的金融产品的种类和数量，即家庭金融资产结构问题。当然，家庭金融资产选择不是固定的，而是随着家庭约束和市场变化而动态调整的。如当股票市场处于上涨的牛市行情时，家庭往往会通过减少其他储蓄性金融资产来增加股票的持有，从而提高股票类风险性金融资产的占比。根据本书的研究目标，在研究城乡家庭金融资产选择时，重点关注两方面：一是家庭储蓄性金融资产和风险性金融资产的规模和结构问题，二是储蓄性和风险性金融资产的选择问题。

3.2.2 家庭金融资产选择的规模和结构

家庭通过金融中介参与金融市场投资，通过持有金融产品将家庭多余的资金提供给市场，形成资金的供给。家庭所持有的资源在总量上是一定的，如何进行资源分配，是家庭面临各种显性和隐性约束以及选择偏好的结果。家庭金融资产选择决策是一个复杂的过程，既受宏观经济和金融市场的影响，也受家庭自身条件的制约。家庭金融资产选择结果最直观的反映就是金融资产数量和结构，同时，家庭金融资产结构和规模也在一定程度上影响了家庭收入结构。

3.2.2.1 家庭金融资产规模

家庭在进行财务决策时，首先需要考虑的问题是如何将家庭资源进行分配。通常首先是满足日常吃、穿、用、住、行的生活需要，然后在实物资产和金融资产之间进行分配。家庭将多少资源分配给金融资产，决定了家庭向社会提供资金的数量。整体来看，家庭收入和财富基础是决定家庭金融资产规模的主要因素。随着我国经济的发展和家庭收入的增加，家庭金融资产规模保持较高的增速，金融资产在家庭资产中所占的比例也逐渐增加。中国人民银行调查数据显示，2019 年我国户均金融资产规模为 64.9 万元，金融资产在家庭总资产中占比 20.4%。

3.2.2.2　家庭金融资产结构

家庭金融资产结构指各种类型的金融资产在家庭金融资产总额中所占的比例，如现金、债券、股票、基金、保险等在家庭金融资产总额中所占的份额。家庭金融资产结构应该既与家庭风险偏好一致，也能满足家庭财富保值增值的需求。与家庭金融资产结构相对应的是金融资产的多元化，即家庭持有金融资产产品的种类和数量。资产组合理论认为，金融资产的多元化配置可以分散投资风险。中国人民银行调查数据显示，在我国家庭金融资产结构中，90%为固定收益类资产，如银行存款、债券等，风险性金融资产占比约为10%。但这种金融资产结构使家庭面临较大的通货膨胀压力，因而，提升股票、基金等风险性金融资产配置比例，发挥资本市场财富效应，将成为消费经济转型的重要支撑。

3.2.2.3　金融资产选择的城乡差异

随着我国金融市场体系的完善和金融制度的健全，家庭参与金融资产选择的渠道和产品也越来越丰富。从整体来看，家庭金融资产规模逐年增加，金融资产结构也日益优化，我国家庭金融资产选择呈现出较大的差异。这种差异既体现在金融资产持有总量上，也体现在金融资产结构上，这一现象在城乡家庭对比中表现得更为明显。关于家庭金融资产选择的城乡差异，我们将在后面实证分析中进行详细分析。

3.2.3　家庭金融资产选择的动因

家庭金融资产选择既是家庭内部资源配置的需要，也是对外部经济金融政策做出的一种必然反应。特别是在过去的30年里，我国宏观经济持续增长、中观金融市场改革和微观家庭财富积累，为家庭参与金融市场并进行多元化金融选择提供了可能性。分析家庭参与金融资产选择的动机，有利于充分了解家庭的金融决策过程和选择行为，也有利于金融市场发展。从微观家庭层面来说，家庭参与金融资产选择的动因主要包括以下几个方面：

3.2.3.1　平滑生命周期收支内在需求

根据家庭生命周期理论，在家庭生命周期中，保持收支平衡才能保证家庭财务的安全。就家庭不同生命周期收入和支出的数量来说，会出现收入小于支出、收入等于支出和收入大于支出几种情况。整体来看，收入等于支出具有偶然性，收入大于支出或收入小于支出才是家庭生命周期的常态，因而，家庭不同生命周期收入和支出在时间上的错配，存在收入的取得早于支出的发生，或收入的实现迟于支出的发生的现象，从而产生了家庭流动性问题。在家庭生命周期中，可以通过金融资产储蓄来达到平滑收支的目的。

大致来看，在家庭生命周期的初始阶段，由于家庭刚建立，家庭主要成员刚参与社会劳动，工作经验积累处于起步阶段，家庭收入比较低，而同时，家庭的购房、婚姻、抚育支出较高，因而收入小于支出，为净支出阶段。这个阶段的家庭往往通过负债、代际支持等方式平滑收支。随着家庭逐渐进入成熟期，工作经历的积累促进了家庭成员事业的逐渐上升，收入增长但支出保持相对稳定，收入大于支出。这个阶段收入大于支出的部分，一部分被用于归还前期的负债，另一部分被用于储蓄和投资，满足自己未来和上一代的养老支出，同时为下一代准备教育支出。在家庭劳动人员进入 50 岁以后，家庭开始进入养老期，家庭的收入逐渐下降，医疗支出增加，收入慢慢小于支出，只能通过前期的储蓄来弥补收入的不足。在家庭生命周期理论中，家庭往往通过金融市场的借贷来平滑生命周期各个阶段的消费和支出。在现实情况中，由于不同家庭受到的经济约束不同，导致信贷约束广泛存在，即家庭不能在金融市场获得或足额获得所需要的资金，导致家庭只有通过减少支出或通过家庭内部的代际支持平滑收入和支出。在代际互助过程中，当新家庭收入小于支出时，上一代的储蓄通过代际转移为下一代提供资金支持；当家庭收入大于支出时，下一代承担上一代的养老支出，这也是中国"养儿防老"传统观念盛行的原因。

此外，家庭金融资产选择也是家庭进行风险管理的需要。其一，传统上，家庭主要持有房产、动产等，这些资产一方面可以满足家庭生产生活需求，同时也是家庭资产结构中的重要组成部分。从理论上来说，随着家庭资产和财富的增加，家庭也需要在各种不同风险类型的资产之间进行组合，从而达到分散家庭资产组合风险的目的。其二，家庭也面临失业、意外事故、疾病、财产和责任损失等风险。这些风险事件的发生，要么降低了家庭的收入来源，要么增加了家庭的支出范围，甚至兼而有之。家庭保障资产的配置，当发生这种风险事件后，可通过保障赔偿的方式弥补收入的减少或支出的增加，从而降低家庭未来的风险预期，提高家庭的风险防御能力。

3.2.3.2　家庭财富积累的直接需要

家庭收入水平和财富积累的增加是家庭参与和持有金融资产的重要物

质保障。经过我国改革开放 40 多年的经济发展，我国城乡家庭收入得到显著提升，家庭财富不断积累，中等收入家庭的数量大幅增加。根据国家统计局公布的数据，我国城乡家庭平均可支配收入持续快速增长，城镇居民的人均可支配收入由 1978 年的 343.4 元增加至 2019 年的 42 359 元，农村居民在相应时间内从 133.6 元增加至 16 021 元。2019 年底，我国居民储蓄存款已突破 82.14 万亿元。

图 3.1 是我国城乡家庭可支配收入增长情况。整体来看，城乡家庭可支配收入均保持稳定的增长趋势。家庭可支配收入的稳定增长是家庭财富积累和金融资产选择的基础和前提。

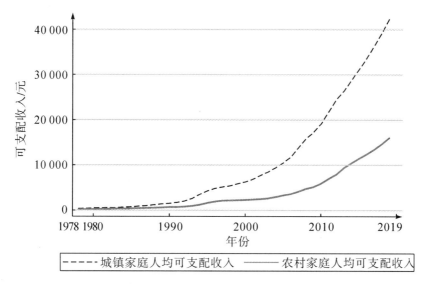

图 3.1　城乡家庭可支配收入增长情况

资料来源：原始数据来源于国家统计局，由笔者根据原始数据绘制。

但我们也应该看到，国民收入总量高速发展和财富积累增长具有显著的非均衡性，家庭收入呈现出明显的地区和城乡差异，财富向少数家庭集中。招商银行发布的《2019 中国私人财富报告》显示，全国 0.14% 的人口拥有总财富的 32%。值得关注的是，由于住房制度的改革和土地财政的刺激，我国房价的持续上涨和家庭对房产的过度偏好，导致在我国家庭的财富结构中，房产所占的比例极高。《2018 中国城市家庭财富健康报告》显示，在家庭资产结构中，房产占比高达 77.7%。房产占比过高，对家庭金融资产选择有明显的挤出效应。

3.2.3.3 家庭消费结构优化的必然

随着家庭收入的增长和财富的积累，家庭的消费支出结构也发生了明显的变化，主要体现在以下几个方面：

一是反映家庭食品消费支出占生活消费支出比重的恩格尔系数不断下降。2019 年底，我国城乡家庭恩格尔系数分别为 27.6% 和 30.3%，均较 1978 年下降了 50% 以上，家庭食品消费支出在总支出中的占比下降。

图 3.2 是城乡家庭恩格尔系数变化情况，可以看出，城乡家庭恩格尔系数虽有波动，但总体上呈现下降趋势，特别是最近几年下降的幅度更大，这表明近几年我国城乡家庭食品消费支出在家庭总支出中的比例持续减少，家庭消费结构逐渐优化。家庭恩格尔系数的下降，为家庭其他消费和金融资产选择提供了资源空间。

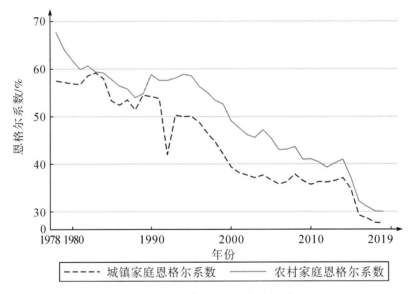

图 3.2 城乡家庭恩格尔系数变化情况

资料来源：原始数据来源于国家统计局，由笔者根据原始数据绘制。

二是社会保障制度的改革对家庭消费支出结构产生重大影响。特别是农村地区新型合作医疗制度、新型农村养老保险制度的建立、城乡社会救助制度的建立完善，针对大量农村家庭和城镇低收入家庭的基本社会保障和医疗体系逐渐完善并发挥作用。这些社会保障制度降低了大量城乡家庭特别是低收入家庭未来支出的不确定性，在一定程度上改变了家庭的风险偏好。

2019 年底，全国基本养老、失业、工伤保险参保人数分别为 9.67 亿人、2.05 亿人、2.55 亿人，比 2018 年底分别增加 2 508 万人、899 万人和 1 606 万人。表 3.1 是中国城乡家庭社会保障情况。从各项社会保障类型的参保人数来看，保障人数逐年提高，社会保障的覆盖率不断提升；从不同社会保障基金收支情况来看，收支金额逐年上升，社会保障的深度也在增加。

表 3.1 城乡家庭社会保障情况

保障类型	统计指标	2013 年	2014 年	2015 年	2016 年	2017 年	2018 年	2019 年
城镇职工基本养老保险	参保人数/万人	32 212	34 115	35 361	37 862	40 199	41 848	43 482
	基金收入/亿元	22 483.6	25 252.3	29 250.4	34 531.9	42 793.9	50 144.8	52 063.1
	基金支出/亿元	18 416.7	21 752.4	25 798.6	31 576.0	37 924.3	44 162.4	48 783.3
城乡居民基本养老保险	参保人数/万人	—	—	—	—	—	52 392	53 266
	基金收入/亿元	—	—	—	—	—	3 808.6	4 020.2
	基金支出/亿元	—	—	—	—	—	2 919.5	3 113.9
医疗保险	参保人数/万人	57 322	59 774	66 570	74 839	117 664	—	—
	基金收入/亿元	8 173.7	9 447.7	11 134.3	12 751.1	17 690.2	—	—
	基金支出/亿元	6 801.1	8 009.5	9 303.9	10 548.9	14 299.4	—	—
失业保险	参保人数/万人	16 417	17 043	17 326	18 089	18 784	19 643	20 543
	基金收入/亿元	1 267.6	1 374.6	1 344.7	1 191.5	1 092.5	1 147.4	1 272.6
	基金支出/亿元	541.3	634.8	740.7	961.0	891.0	909.9	1 340.2
工伤保险	参保人数/万人	19 897	20 621	21 404	21 887	22 726	23 868	25 474
	基金收入/亿元	611.0	688.5	749.8	733.2	848.0	903.3	815.7
	基金支出/亿元	481.6	559.3	598.6	610.8	661.7	738.6	817.4

资料来源：笔者根据中国人力资源和社会保障部公开数据整理；2018 年对统计口径进行变更，未公布医疗保险数据，新增城乡居民基本养老保险，故分开整理。

值得注意的是，虽然我国农村社会保障的覆盖面和深度均有显著的提高，但与城镇家庭相比，其被保障程度仍相当有限，大量的农村家庭社会保障存在覆盖广、保障低的情况，社会保障制度的二元特征依然显著。同时，我国在住房、医疗、养老、教育等方面的市场化改革，增大了家庭在以上各个方面承担的部分，对家庭金融资产选择具有明显的挤出效应，由此导致的目标性储蓄和预防性储蓄的存在，降低了家庭在风险性金融资产选择上的可能性和深度。

3.2.3.4　金融市场的改革结果

改革开放后，我国陆续建立了多层次的金融体系，特别是在 20 世纪 90 年代初，证券交易所成立后，逐步形成以银行为主的相对完善的金融体系，金融产品也更加多元化，显著提高了家庭金融可得性。特别是最近十来年，互联网金融的崛起、金融科技的广泛应用，催生了新兴金融产品的出现，一方面完善了我国金融产品体系，另一方面也为家庭金融资产选择提供了产品支持。银行业金融机构法人达 4 607 家，银行网点总数达到 22.8 万个；设立社区网点 7 228 个，小微网点达到 3 272 个；在全国布放自助设备 109.35 万台。

以银行为主的金融机构的大范围普及，提高了城乡家庭金融服务的可得性和金融消费者的金融素养，随着金融业的逐步开放，以市场为导向的经营理念快速形成，提高了金融行业的竞争水平和金融服务水平。随着金融市场的市场化，存贷利差逐步收窄，市场价格更加公开透明，助推了金融机构的业务调整，家庭金融服务成为银行的主要利润来源。同时，随着家庭收入消费支出结构的变化和家庭理财意识的提高，对多样化的金融产品和个性化的金融服务需求增大，这对金融机构的服务能力和水平提出了更高的要求。此外，金融科技和智能手机的有效结合，有力地拓展了金融的服务边界，一定程度上降低了金融服务的成本。

3.2.4　家庭金融资产选择的影响因素

家庭金融资产选择是一个复杂的过程，既是宏观经济增长和金融市场改革的结果，也是金融深化发展和家庭资源配置的需要。影响家庭金融资产选择的因素很多，主要表现在以下几个方面：

3.2.4.1　经济增长和金融深化

家庭金融资产选择是宏观经济增长和金融深化的结果。我国自从实施改革开放以来，经济制度的改革释放了经济活力，国民经济收入持续稳定增长，这为家庭收入增加和财富积累打下了坚实的经济基础。我国 GDP 从 1978 年的 3 645 亿元增长至 2019 年的 992 865 亿元，增长了约 272 倍。经济增长为家庭带来的直接结果就是可支配收入和金融资产规模的快速增长。其中城镇家庭可支配收入在这个阶段从 343.4 元增加至 42 359 元，农村家庭可支配收入在这个阶段从 133.6 元增加至 16 021 元。中国人民银行的调查数据显示，2019 年我国家庭户均资产规模达 317.9 万元，其中金融资产达 64.9 万元，金融资产在家庭总资产中占比 20.4%。我国家庭资产及金融资产规模持续增长主要得益于宏观经济的稳定增长。随着家庭可支配收入的增加，家庭的边际消费倾向减小，边际储蓄倾向提高，家庭收入中用于储蓄的规模也相应增加，家庭持有的金融资产结构也更加多元化。同时，当家庭金融资产规模达到一定数量时，金融资产的收益性和风险性就成为家庭进行金融投资时主要考虑的问题。

与经济持续增长相对应的是，20 世纪 90 年代初我国股票和期货交易所的建立，标志着正规风险性金融市场的形成，我国城乡金融深化得到快速发展。反映到金融市场上，四大国有银行开始市场化股份制度改革、一批股份制银行和城市商业银行快速发展。到现在，我国已基本形成了银行、证券、期货、基金、保险等完善的金融体系，为家庭参与风险性金融资产配置提供了渠道。

值得注意的是，我国作为发展中国家存在明显的地区、城乡发展不均衡问题，经济增长和金融发展表现出显著的城乡二元特征。特别是我国计划经济体制下形成了以户籍为基础的城乡分割，一直延续至今，严重阻碍了城乡生产要素的市场化流动，很多政策及制度仍根据户籍对家庭进行城乡区别对待，如养老、医疗、教育等。这种二元特征反映到微观家庭金融资产选择上，就是家庭金融资产配置规模和结构的差异。整体来看，城镇家庭金融资产配置规模更大，风险性金融市场参与的可能性更大，而农村家庭更偏好储蓄性金融资产。因而，城乡之间政策和制度差异的多种因素的共同作用，导致家庭金融资产选择及财富效应存在显著的城乡异质性。基于此，在本书后面几章节的分析中，笔者始终将这种城乡差异作为重点。

3.2.4.2 金融机构市场化竞争

家庭作为资金供给的主要来源，通过持有金融资产直接或间接地将资金用于社会生产，推动社会经济的发展，同时也分享社会经济发展的成果。但是，对于大部分家庭来说，既缺乏资金运用的专业知识，也没有精力参与生产经营，为了降低投资风险，也不会将资金直接提供给需求方。因而，必须通过金融机构这种中介机构，建立起资金供给方和需求方的桥梁。金融中介参与资金融通，充分发挥规模效应和专家特长，起到了降低交易成本、减少信息不对称的作用。

随着我国市场经济地位的确立，国有银行股份制改革的完成，以国有商业银行为主体，股份制银行和地方商业银行蓬勃发展，推动了金融市场竞争，特别是证券、期货、基金、保险等风险性金融中介机构，经过近30年的积累，金融服务的专业性得到提高，我国竞争性金融市场基本形成。正是在这一背景下，金融机构的市场化竞争在两个方面推动了家庭金融资产选择及多元化配置。众多银行、证券、保险等正规金融机构的市场化竞争，一方面，推动了金融产品创新，为家庭金融资产配置的多元化提供了可能性；另一方面，增加了金融供给，降低了金融服务成本，提高了微观家庭金融的可得性。

　　但是，由于资本的逐利性，金融发展呈现出明显的地区差异特征。城镇地区家庭收入更高，金融服务需求也更大，人口居住比较集中，金融机构提供金融服务具有较强的规模效应，可以较大幅度地降低金融服务的平均成本，因此大量金融机构主要布局在城镇地区。而在农村地区，家庭居住更为分散，且农村金融服务金额需求小，金融机构提供金融服务的收益较低，金融服务的平均成本更高，从市场成本收益角度来看，农村金融服务的盈利性较差，这也是国有银行在市场化改革进程中大规模撤并农村服务网点的原因。总体上看，高效低成本的金融服务主要集中在城镇地区，农村地区获得金融服务的成本更高，且非正规金融、民间借贷在农村地区广泛存在，家庭获得金融服务具有明显的城乡差异。近年来，随着互联网金融的崛起、互联网和智能手机的普及，虽然拓宽了金融服务半径，提升了城乡获得金融服务的可能性，是正规金融的有效补充，但作为非正规金融，也存在金融服务成本和价格较高的情况。

　　但是，我们也应该看到，在中西部地区和广大的中低收入家庭，也存在金融服务可得性不足的问题。金融深化的地区差异和金融机构的选择性服务，使得金融机构争相向高净值客户群体提供专业的金融服务和咨询。虽然家庭整体金融可得性提高了，但也存在较普遍的信贷约束问题，即家庭有信贷需求但不能从金融机构获得或足额获得信贷支持。家庭生命周期平滑收入和支出的前提是能够自由地通过金融市场获得金融服务，特别是金融负债服务，然而，信贷约束的存在制约了家庭从金融机构获得信贷支持以平滑消费支出的能力。信贷约束对家庭储蓄和金融资产选择行为都有显著的影响，主要表现在以下方面：一是信贷约束影响家庭的跨期资产配置；二是信贷约束增加家庭的风险厌恶，降低了风险性金融资产持有，改变了家庭的储蓄结构；三是信贷约束影响家庭收入。

3.2.4.3 微观家庭自身原因

上述经济增长、金融深化和市场竞争，只是家庭金融资产选择的外部因素，家庭是否参与金融市场以及如何进行金融资产决策，更重要的是取决于家庭自身内部。当然，这些外部因素和内部因素并非单一影响，而是互相影响的。整体来看，影响家庭金融资产选择的自身因素主要有几个方面：

第一，家庭的经济特征，主要包括家庭收入、财富水平等。家庭的财富基础和收入是家庭物质生活的保障，也是家庭进行金融资产选择的基础。因而，严格说来，家庭金融资产选择是一种财富储藏方式，是家庭通过跨期资产配置，平滑生命周期收入和支出的手段。家庭经济特征体现在诸多方面，如家庭收入数量、收入风险、财富结构等，对家庭金融资产选择行为有重要的影响。就我国城乡家庭特别是城镇家庭而言，一方面，由于住房体制和市场经济改革，住房价格在近 20 年内快速上涨，部分一线城市的住房价格甚至已居于国际前列，因而，住房的财富效应显著，投资属性得到强化；另一方面，就广大中青年家庭而言，住房作为一种刚性需求，较高的房价和住房按揭贷款，使家庭在未来长期内需按月支付月供，家庭可支配收入中较大的比例被用于房产支出，因而，房产对家庭金融资产选择产生了挤出效应。

但由于我国城乡家庭房产的二元特征，房产价值和流动性均存在显著的城乡异质性，主要表现为：在农村地区，农村宅基地是集体用地范围，目前存在不能入市交易和抵押的制度缺陷；同时，农村住房建设也很难从正规金融机构获得信贷支持，更多的是通过民间借贷获得资金支持，家庭房产建设面临很强的信贷约束。因而，农村房产的价值更多地体现为居住属性，其投资属性和财富效应很小，流动性不足。相反，城镇地区住房土地通过市场化方式取得，家庭房产的市场化程度很高，市场流动性也较高，家庭房产既可以通过银行按揭的方式取得，也能通过抵押获得信贷支持，信贷约束的可能性和深度远小于农村家庭。城乡房产价值和流动性的差异，主要来源于制度。要消除房产的这种差异，只有通过农村房产市场深层次的制度改革才能实现。

第二，家庭的背景特征，包括家庭的社会资本、社会网络、社会互动等。社会背景在收入、消费、就业、民间借贷等经济活动方面发挥着重要的作用，同时社会资本还能够促进信任，降低交易成本。家庭在社会中所处的社会背景对家庭资产选择有重要影响，家庭的社会资本、社会网络以及在此基础上形成的社会互动，对家庭获取金融信息、降低投资风险有促进作用。

家庭社会背景对金融资产选择的影响主要体现在以下方面：

首先是影响家庭收入。一是通过直接或间接效应影响家庭收入：直接效应是通过职位等直接影响收入；间接效应一方面是将稀缺的高工资的工作岗位通过社会配置给特定群体，另一方面是更多的社会网络能够提供更多的就业机会。二是社会网络能够传递信息，特别是在城乡家庭劳动力市场上，社会资本在传递劳动力市场信息的过程中扮演了重要角色。如社会网络使农村家庭更有可能从单纯务农转移到去乡镇企业工作或者外出打工。

其次是能够缓解家庭在借贷市场上的信贷约束。一方面，降低道德风险和逆向选择，社会网络中的成员交往频繁，监督成本较低，能够缓解道德风险的问题，提高了贷款者的还贷激励；同时低信用或高风险的成员会被识别出来并被排除出信贷市场，有效地降低了逆向选择的问题；此外，社会网络可以视为一种隐性的担保机制，能够降低违约概率，因为违约者会受到声誉风险及一定的社会惩罚。另一方面，社会网络可以帮助受金融约束的家庭在民间金融市场进行融资，从而为家庭创业提供资金。家庭创业活动与社会网络提供的信息、融资等密切相关，家庭社会网络越强，则选择创业的可能性越大。社会网络可以缓解信息不对称问题，通过民间融资，为受到金融抑制的家庭自营工商业提供资金支持，社会网络对城镇和农村家庭创业行为均有显著的促进作用。相较于非正规金融渠道，社会网络对正规金融渠道的借贷行为影响更大，社会网络内部亲友间的借款有一个优势是一般无须支付显性利息也不用提供抵押。

最后是社会背景的风险分担功能。一方面，在相当多的发展中国家，由于正规风险保障机制严重缺失，家庭面临更多的收入支出风险，如疾病、自然灾害、失业等，家庭往往依靠以地缘和亲缘关系形成的社会网络来应对风险和平滑收入波动。现有研究表明，社会网络以内部的风险统筹来应对收入风险、缓解消费波动，且亲友网络越大、亲友相处状况越好、亲友中富裕者越多，收入风险发生时家庭的消费波动越小。社会网络通过网络内部提供礼金、借款、转移支付等互助行为来实现风险分担作用，因而可以把社会网络视为一种非正式的保险机制。另一方面，社会网络通过改变风险认识方式影响风险偏好，能够促进家庭参与股市，具有分散投资风险的功能。比如家庭投资决策失误可能会得到网络成员的援助，社会网络有"保护垫"功能。

第三，家庭的人口特征，包括家庭的人口结构、年龄、婚姻等因素。家庭的这些人口特征往往与家庭的收入水平、风险偏好、金融能力高度相关。不同家庭的人口特征差异很大，这也是家庭金融资产选择存在显著差异的微观因素。我国长期以户籍为基础，对家庭设置人口和要素流动的政策和制度障碍，长期积累导致我国家庭自身也具有典型的城乡差异。相对而言，城镇地区家庭受教育程度更高，接纳新事物的能力更强，家庭的金融能力也高于农村。而农村家庭，由于信息闭塞，其金融素养水平有限，选择风险性金融资产的可能性和深度均较小。

关于上述这些微观因素如何影响家庭金融资产选择，可能是数据和研究方法的原因，学术界并没有得到一致的结论。家庭各种内在因素的差异，是家庭金融资产选择及财富效应异质性的直接原因。因而，在研究微观家庭金融资产选择时，甚至还有很多微观因素在当前的技术水平下不能进行识别和度量，但家庭本身的异质性值得我们给予重视。

3.3　家庭金融资产的财富效应

家庭根据日常生产经营和生活的需要，将拥有的资源在各种资产之间进行配置，目的主要有两个，一是满足家庭的日常生活和生产，如购买日常生活用品、居住性房产等；二是为家庭带来经济效益，促进家庭财富的保值增值，如金融资产持有、投资性房产的购买等。特别是投资类资产的选择规模和结构，产生的投资收益作为家庭财产性收入的一部分，具有提高家庭财富水平和消费支出的作用。

3.3.1　家庭收入和投资收益

家庭成员通过参与社会劳动或资产投资，能够获得财富分配，获得的这些货币和实物分配形成了家庭收入，是家庭满足日常生产经营和参与社会经济活动的物质基础。衡量家庭收入的指标有家庭收入、家庭纯收入、家庭可支配收入、家庭人均收入等。常用的统计口径，根据家庭收入的来源一般分为工资性收入、经营净收入、财产性收入、转移性收入。由于不同家庭收入多少和来源不同，形成了家庭收入规模和结构的异质性差异。整体来看，中国大部分家庭以工资性收入为主，其他收入为辅。随着我国城乡家庭金融资产配置规模的增长，金融资产投资收益作为一个重要的财产性收入来源，对家庭收入结构优化和消费支出产生了较大的影响，也是本书重点研究的收入形式。

按照国家统计局的定义，财产性收入是指家庭拥有的动产（如银行存款、有价证券）、不动产（如房屋、土地等）所获得的收入。这包括出让财产使用权所获得的利息、租金、专利收入；财产运营所获得的红利收入、财产增值收益等。与其他收入相比，财产性收入具有以下几个特点：一是获得财产性收入的前提是家庭拥有或控制的财产，两者是相辅相成的，家庭合理使用财产是获得财产性收入的渠道。二是需要让渡拥有或控制的资产的部分权利才能获得相应的收益，如占有权、使用权、收益权、处置权等。三是财产性收入具有较大的不确定性，风险往往高于其他收入形势，收入多少受市场因素和经济波动的影响较大，甚至存在财产性收入为负数的情况。四是财产性收入来源于资本市场或房产市场等，家庭不需要参与生产经营。如家庭购买上市公司股票，通过股票分红和价格波动获得收入，而不需要参与上市公司的日常生产经营活动。

由于家庭让渡了金融资产的部分权利，从而可以获得一定的投资收益，投资收益的多少与让渡权利的风险高度相关，一般来说风险与收益是正相关关系。金融资产投资收益是指家庭在金融资产持有期间和处置时，获得的超过资产取得成本的溢价部分。

一般而言，金融资产的投资收益主要来源于两方面：一是利息/股息收入，如债券定期发放的利息、股票和基金的分红；二是资本利得，是指投资者利用金融资产在资本市场价格波动，通过低买高卖（做多）、高卖低买（做空）等，利用市场交易规则获得的价格差。当然，不同的金融资产其风险属性不同，投资收益的来源和结构也有显著差异，如债券等低风险性金融资产，利息是其主要的收益来源，而股票、期货等，资本利得往往是其主要的收益来源。金融资产是家庭重要的资产形式，其获得的投资收益是家庭财产性收入的主要来源。

3.3.2　金融资产的财富效应

Keynes（凯恩斯）的绝对收入理论和 Duesenberry 的相对收入理论重点

研究了收入和消费的关系，Modigliani 的生命周期理论和 Friedman（弗里德曼）的持久收入理论则将家庭的初始财富纳入分析框架，认为家庭在进行消费决策时，不仅会考虑当期收入，还会考虑上一期的财富积累。收入和财富水平对于家庭的消费和资产选择决策具有重要的影响，同时与家庭资产配置总量和结构也密切相关。

Campbell 认为家庭金融是促进消费增长的一个重要手段，陈强等认为股票收益波动将显著影响家庭边际消费倾向。从国内外研究文献来看，关于财富效应有两大观点，一是消费是内生的，认为消费在长短期内受到财富的影响，支持财富效应的存在，被称为内生消费派；二是财富是内生的，认为财富的增加只会暂时性引起消费增加，财富效应仅在短期存在，被称为内生财富派。

关于金融资产的财富效应，凯恩斯在讨论货币时就提出了一个观点，即货币和债券作为家庭财富，其价值变化会影响家庭的边际消费倾向。《新帕尔格雷夫经济学词典》将财富效应定义为在其他条件相同时，货币余额的变化引起总消费支出的变动。Davis 等从宏观视角认为财富效应是资产价值的上涨对居民消费的正向促进作用，进而刺激经济的增长。本书参考上述财富效应的不同定义，从微观家庭视角，基于数据可得性和研究目标，将金融资产的财富效应定义为家庭金融资产价值增值使持有者财富增长，从而直接或间接促进消费支出增加的现象。

金融资产的财富效应具有以下几个特征：一是非对称性，表现为金融资产价值同等幅度的增加和减少，其负效应要明显大于正效应，即家庭消费的变化在财富减少时比财富增长时更多。二是时滞性，金融资产价值波动对家庭消费支出的影响存在时滞，这种时滞源于金融资产价值波动与经济周期、家庭消费支出的不同步，学者估计金融资产财富效应的时滞在3~6 个月。三是不确定性，即金融资产价值波动的不确定性，使金融资产财富效应难以被准确度量，对消费的影响也难以确定。四是复杂性，由于家庭金融资产组合的多元化，各种金融资产和价值波动存在一定的替代关系，在一种资产价值增加的同时，另一种资产价值则可能存在减少的情况。

3.3.3　财富效应的作用机制

整体来看，家庭金融资产的财富效应体现为对消费支出的促进作用，分为直接财富效应和间接财富效应，其中直接财富效应主要通过增加家庭

实际或心理收入，对消费支出的促进作用效率更高但持续时间较短；间接
财富效应主要通过提高家庭消费信心，改变家庭边际消费倾向来影响消费，有一定的滞后性，对消费的促进作用效率较低但持续时间较长。具体而言，金融资产财富效应的作用机制主要有收入机制、消费者信心机制、流动性约束机制和替代机制等几种表现形式。

3.3.3.1 收入机制

收入机制主要表现为实际收入或预期收入的增加促进消费支出增长。在传统经济框架中，家庭收入都是消费理论的核心变量，家庭的收入水平是进行消费或金融资产选择的基础，也是家庭风险承受能力的重要特征。家庭持有的金融资产通过分红和资本利得等方式实现的投资收益，作为家庭收入的组成部分，直接提高了家庭的当期收入水平，从而提升了家庭的消费支出。家庭金融资产收入机制主要通过提高家庭收入水平、优化家庭收入结构、降低家庭收入风险等，从收入方面直接影响家庭消费支出。除了当期收入，金融资产带来的预期收入在一定程度上也具有促进家庭消费的作用。图 3.3 反映了金融资产财富效应的收入机制。C_1W_1 为初始状态的预算线，U_1 为初始的效应曲线，家庭的消费量为 A_1，在假设其他条件不变的前提下，当金融资产价值增加时，投资收益使家庭的财富水平上升，推动家庭的预算线从 C_1W_1 向外移动至 C_3W_3，家庭的消费也从 A_1 上升至 A_3。反之，当金融资产价值减少时，收益为负使家庭的财富水平下降，家庭的预算线从 C_1W_1 向内移动至 C_2W_2，家庭的消费也从 A_1 下降至 A_2。

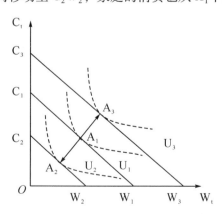

图 3.3　财富效应的收入机制

3.3.3.2　消费者信心机制

消费者信心机制主要表现为家庭消费信心的增加。金融资产价格是未来经济的领先指标，传递了经济增长或企业发展的预期。家庭金融资产的数量和结构，是家庭对未来经济预期进行判断后做出的理性选择。家庭增加股票类风险性金融资产时，往往意味着对未来经济有乐观的增长预期，从而提高了家庭的消费信心。当以股票为主的风险性金融市场处于牛市阶段时，金融资产价格不断上升，将从三个方面间接促进消费增加：宏观经济增长预期加强、社会企业投资意愿增加、微观家庭消费信心增强。图3.4反映了家庭金融资产财富效应的消费者信心机制。在初始阶段，家庭的消费曲线是 C_1，当金融资产价格上升时，家庭的消费曲线移动至 C_2，由于金融资产价格上升，家庭的消费信心增强，边际消费倾向增加，因而 C_2 曲线的斜率高于 C_1，家庭的消费从 A_1 上升到 A_2。

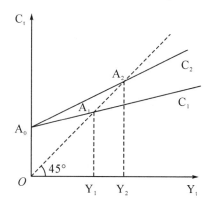

图 3.4　财富效应的消费者信心机制

3.3.3.3　流动性约束机制

传统金融资产选择理论的假设前提是家庭能够通过金融市场自由地进行跨期借贷，并通过储蓄和借贷平滑家庭消费支出。然而，在现实生活中，家庭普遍存在流动性约束问题，即当家庭可支配资金不足时，很难通过金融机构等外部融资获得资金支持以满足消费需要。金融资产财富效应的流动性约束机制，就是指当金融资产价值上升时，家庭金融资产余额增加，家庭从金融机构获得借贷的概率和金额增大。其主要原因，一是金融资产余额是衡量家庭财富水平高低的重要标准，一般而言，金融资产余额越高，其资信水平越高，借贷违约的可能性越小，更容易得到金融机构的信贷支持；二是家庭将升值的金融资产质押给银行或非银行金融机构，在质押率一定的情况下，金融资产价值上升提高了获得借贷的金额。同时，与其他固定资产相比，金融资产的流动性相对较好，作为质押物也更容易取得金融机构认可。因而，金融资产价值上升，能够缓解家庭信贷约束，提高家庭的负债水平。特别是在房产市场、资本市场持续稳定增长期，家庭通过增加财务杠杆，投入更多资金到金融市场，进一步通过财富效应促进了消费。

3.3.3.4　替代机制

金融资产财富效应的替代机制，就是指家庭金融资产价值上升时，金融资产的预期收益增加，家庭倾向于减少当期消费支出，通过增加金融资产的配置博取未来更多的投资收益。从家庭生命周期来看，替代机制具有增加未来收入和提升财富水平的预期，从而提高家庭未来消费水平的作用。整体来看，家庭当期消费支出虽然减少了，但金融资产未来投资收益的增加，将会提高家庭未来消费支出，且未来消费支出的增加极有可能大于当期支出的减少，因而，家庭生命周期内总的消费支出是增加的。

图 3.5 是家庭金融资产财富效应机制及传导路径，金融资产价值上升，通过收入机制、消费者信心机制、流动性约束机制、替代机制等多种渠道，促使家庭生命周期总的消费支出增加。

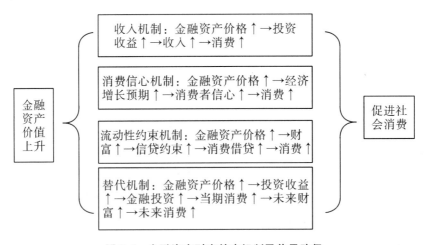

图 3.5　金融资产财富效应机制及传导路径

当然，金融资产价值上升，对消费支出既有正向的促进机制，也有负向的替代机制，因而，金融资产价值上升对家庭消费支出的影响结果，主要看正、反两种机制作用的大小。一方面，在大多数情况下，当期的替代机制产生的消费支出下降较少；另一方面，金融资产财富效应提高了家庭生命周期的消费支出总额。从现有大量研究文献结论来看，金融资产的财富效应更多地表现为家庭消费支出的增加。

4 城乡家庭金融资产选择现状、特征、问题及其成因

　　家庭金融资产选择既是宏观金融环境发展的结果，也是家庭财富积累到一定阶段的必然。金融资产在家庭总资产中的比例和结构是地区金融发展和居民财富积累的重要反映。特别是改革开放以来，随着中国宏观经济的稳定增长，家庭的财富也经历了从无到有、从少到多的积累过程。市场经济改革的逐步推进，自 20 世纪 90 年代初，我国证券、期货交易所相继成立后，家庭金融资产结构开始从相对单一的储蓄模式向多元化配置发展。其结果是在微观层面优化了家庭金融资产配置结构，为家庭参与风险性金融市场提供了市场基础，为参与分享经济发展成果提供了渠道；在宏观层面，为实体经济发展募集资金、优化资源配置做出了巨大贡献。2020年底，我国 A 股市场共 4 140 家上市公司，总市值 79.72 万亿元，股票市值规模仅次于美国。目前，我国已形成了相对完善的金融体系，金融工具和金融产品不断创新，这也为家庭金融资产选择的多元化提供了市场。

　　传统上，根据家庭金融资产的风险属性和收益特征，将金融资产分为储蓄性金融资产和风险性金融资产。在本书中，储蓄性金融资产主要包括现金、银行活期和定期存款、股票账户内的活期余额；风险性金融资产包括理财类产品、债券、基金、股票和其他金融衍生品。为了更清晰地了解家庭金融资产选择的现状，本章我们用西南财经大学中国家庭金融调查（CHFS）2015 年和 2017 年的微观数据，对中国家庭金融资产选择的现状及特征进行分析。

　　中国家庭金融调查是西南财经大学中国家庭金融调查与研究中心在我国大陆范围内开展的每两年进行一次的全国性入户追踪调查（不含西藏和新疆），调查的主要内容包括：家庭的固定资产（如房产、汽车、土地

等）、金融资产（如现金、储蓄、股票、基金）、金融负债、家庭收入、社会保障、人口特征等，目前已完成多轮调查，具有较大的社会影响。其整体抽样方案采用分层、三阶段、与人口规模成比例（PPS）的抽样设计方法，较为全面地调查了城乡家庭金融资产选择情况，具有较强的代表性。自 2011 年起，该中心已对外公布了 2011 年、2013 年、2015 年和 2017 年调查数据，因而，在本章我们使用 2015 年和 2017 年数据对中国城乡家庭金融资产选择现状进行分析。其中，2015 年样本涉及全国 29 个省（区、市），样本家庭 37 289 户，城镇家庭 25 635 户（占 68.75%），农村家庭 11 654 户（占 31.25%）①。2017 年样本涉及 29 个省（区、市），样本家庭 40 011 户，城镇家庭 27 279 户（占 68.18%），农村家庭 12 732 户（占 31.82%）。

4.1　城乡家庭金融资产选择现状

在本节，我们对家庭储蓄性和风险性金融资产的选择现状进行讨论，分析的重点是家庭各种主要金融资产选择的规模和结构，目的是总结我国城乡家庭金融资产选择的特征和存在的问题，并为后面几章的实证分析打下基础。通过统计分析我们可以发现，整体上我国城乡家庭金融资产具有一定的规模，但从结构来看更偏好储蓄性金融资产，风险性金融资产参与可能性和深度还有待进一步提高。

4.1.1　家庭储蓄性金融资产选择

储蓄是家庭参与社会经济活动及日常生活的基本前提，同时也是大部分家庭财富的最初形态，家庭的房产、股票、生产性工具等资产大部分是通过储蓄转化而来的。传统上，我们把广义的储蓄理解为家庭收入与支出的差额部分，狭义的储蓄主要指家庭现金及存放在银行的存款。家庭储蓄通过银行等金融中介机构，将储蓄转化为投资，成为推动经济发展的资金源泉。特别是在经济发展的初期，因资本积累少，政府往往会出台鼓励家

---

① 城乡以 CHFS 访员入户调查时家庭的居住地址为依据，根据国家统计局《统计用城乡划分代码》标准进行城乡特征标识，并对主要经济活动不在此居住地和居住未达 6 个月的样本进行更换，以保证家庭主要经济活动与城乡特征的一致性。

庭进行储蓄的措施和政策，为经济发展积累资本。

影响家庭储蓄额和储蓄率的因素有很多，其中主要包括：①家庭收入。家庭收入是家庭进行储蓄的前提。从微观来说，根据边际消费倾向递减的经济规律，家庭的收入越高，家庭消费后的剩余也越多，储蓄的金额也越高。从宏观来看，国家的收入分配制度决定了家庭作为一个经济部门能够从整个经济"蛋糕"中分得多少。在计划经济时期，为了经济发展所需要的资本积累，通过工资控制等方式限制家庭参与社会分配的比例，导致家庭收入长期较低，家庭财富积累相当有限。②市场利率。在金融学中，我们把利率看成货币的价格，利率越高，市场对货币的需求就越旺盛，与之相对应，家庭的储蓄动机就越强。从经济学机会成本的视角来看，利率越高，则说明家庭进行消费的机会成本越高，家庭储蓄的可能性也越大。在金融市场不发达的国家还存在金融抑制问题，而金融自由化的目标就是通过利率市场化改革提高储蓄率。③国家金融体制。在金融机制比较完善的国家和地区，金融机构比较发达，金融可得性较高，家庭面临信贷约束的可能性较小，预防性储蓄动机更低，家庭储蓄意愿和储蓄水平也较低。④家庭和地区储蓄偏好。各个地区长期以来的生活和消费习惯不同，导致对储蓄的偏好差异显著，如中、美家庭之间储蓄的差异，很大程度就是储蓄偏好的不同导致的。

根据第3章的界定，储蓄性金融资产包括现金、银行活期和定期存款、股票账户内的活期余额。表4.1是2015年和2017年中国家庭储蓄性金融资产的情况。

2015年，全国家庭储蓄性金融资产的中位数为7 500元，均值为60 102.64元。分城乡来看，城镇家庭储蓄性金融的中位数为14 000元，均值为78 725.75元；农村家庭储蓄性金融资产的中位数为2 000元，均值为19 301.20元。从中位数和均值来看，家庭储蓄性金融资产存在明显的城乡差距。分地区来看，东部家庭储蓄性金融资产的中位数为12 000元，均值为83 058.33元；中部家庭储蓄性金融资产的中位数为5 000元，均值为36 893.68元；西部家庭储蓄性金融资产的中位数为5 200元，均值为37 671.47元。从中位数和均值来看，东部与中、西部家庭储蓄性金融资产存在明显的地区差距，但中、西部家庭之间的差距并不明显。

与2015年相比，2017年家庭储蓄性金融资产整体保持稳定。具体来看，2017年家庭储蓄性金融资产的中位数为8 000元，增加500元；均值为 59 173.55 元，略有小幅下降。分城乡来看，城镇家庭储蓄性金融的中位数为 13 800 元，均值为 77 191.90；农村家庭储蓄性金融资产的中位数为 2 300 元，均值为 20 576.50 元。城乡家庭的中位数和均值表明，2017 年城镇家庭储蓄性金融资产保持稳定，农村家庭储蓄性金融资产保持增长，城乡差异依然显著存在但有缩小的迹象。而东、中、西部地区对比表明，家庭储蓄性金融资产存在较明显的地区差异，东部家庭储蓄性金融资产远高于中部和西部家庭。

表 4.1　家庭储蓄性金融资产

区位	2015 年			2017 年		
	有效样本/户	中位数/元	均值/元	有效样本/户	中位数/元	均值/元
全国	37 040	7 500	60 102.64	39 999	8 000	59 173.55
城镇	25 432	14 000	78 725.75	27 269	13 800	77 191.90
农村	11 608	2 000	19 301.20	12 730	2 300	20 576.50
东部	18 473	12 000	83 058.33	20 068	13 051.5	82 192.40
中部	9 747	5 000	36 893.68	10 404	5 000	36 488.40
西部	8 820	5 200	37 671.47	9 527	4 500	35 459.20

资料来源：笔者根据中国家庭金融调查 2015 年和 2017 年数据整理。为节省篇幅，以下数据如无特殊说明，均由笔者根据该调查数据整理。

4.1.1.1　家庭现金持有情况

家庭持有的现金实质上是利用国家信用发放的货币。根据凯恩斯的货币需求理论，现金的需求可分为交易需求、预防需求和储藏需求。从资产的流动性来看，货币是流动性最强的资产，能够以最低的成本迅速转化为其他资产。

表 4.2 是 2015 年和 2017 年全国城乡家庭持有现金的情况。

2015 年全国家庭持有现金的中位数和均值分别为 1 500 元和 6 214 元，其中城镇家庭持有现金的中位数为 2 000 元，均值为 7 353 元；农村家庭持有现金的中位数为 1 000 元，均值为 3 720 元。数据显示，城镇家庭持有现金的数量约为农村家庭的一倍，表现出明显的城乡差异性。分地区样本来看，东部地区家庭持有现金的中位数为 2 000 元，均值为 7 796 元；中部地区家庭持有现金的中位数为 1 000 元，均值为 4 590 元；西部地区家庭持有现金的中位数为 1 000 元，均值为 4 698 元。可以看出，东部地区持有现金的数量最高，而中、西部之间的差异不大。

2017 年全国家庭持有现金的中位数和均值分别为 1 100 元和 6 171.07 元，其中城镇家庭持有现金的中位数为 2 000 元，均值为 7 492.07 元；农村家庭持有现金的中位数为 900 元，均值为 3 422.01 元。从数据可以看出，家庭现金持有仍然有明显的城乡和地区差异。

表 4.2　家庭现金持有情况　　　　　　　　　　单位：元

区位	2015 年		2017 年	
	中位数	均值	中位数	均值
全国	1 500	6 214	1 100	6 171.07
城镇	2 000	7 353	2 000	7 492.07
农村	1 000	3 720	900	3 422.01
东部	2 000	7 796	2 000	7 914.73
中部	1 000	4 590	1 000	4 441.68
西部	1 000	4 698	1 000	4 434.47

但是，我们也应看到，与 2015 年相比，家庭现金持有量中位数从 1 500 元下降至 1 100 元，家庭现金持有量有较明显的下降趋势。其主要原因是随着金融科技在支付领域的广泛应用，支付方式和支付制度发生了很大变化，对家庭现金的持有量造成了很大的影响。如国内支付宝、微信等支付方式的普及与习惯形成，大幅度减少了家庭对现金支付的依赖，现金的使用频度明显降低。从宏观来看，所有家庭和企业持有的现金，构成了中央银行货币体系中的 M_0，即流通中的货币，其数量是中央银行进行货币调控的重要工具。

4.1.1.2　家庭银行活期存款持有情况

活期存款一般不约定存期，可随时支取，具有资金灵活、通存通兑的特点，其最大优点是流动性极高，同时因为有银行信用背书，安全性也很高，能够以最低的成本快速转化为流通货币或其他资产，因而几乎是所有家庭都持有的金融资产。活期存款的流动性仅次于现金，在很多国家的宏观货币调控中将其视同现金管理。正是因为其极强的流动性和较高的安全性，所以银行活期存款的收益率也很低。也是因为其收益率低，对于我国主要以利差作为收入来源的商业银行而言，家庭存入银行的活期存款是商业银行存款竞争最为激烈的储蓄产品，所以银行活期存款对商业银行资金成本影响很大。在欧美部分国家，活期存款不仅没有利息，反而还会产生账户管理费用，从一定意义说，家庭存放在银行的活期存款收益甚至为负。

在金融创新和金融科技的支撑下，传统的银行活期存款也在发生一些变化，在满足流动性和安全性的前提下，较大幅度地提高了活期存款的收益率（可实时申购与赎回的货币市场基金）。虽然这类资金主要在货币市场或直接购买银行大额存单类产品获得较高收益，同时通过头寸管理也实现了活期存款的流动性，但因其收益波动性较高，具有不确定性，因而常常将其视同低风险的货币市场基金进行看待和管理。从宏观来看，M_0 加上家庭和企业的活期存款，构成了狭义上的货币供应量 M_1。

表 4.3 是 2015 年和 2017 年家庭活期存款余额情况。

表 4.3　家庭活期存款账户持有情况

区位	2015 年			2017 年		
	持有活期账户/户	有效样本量/户	持有活期账户比例/%	持有活期账户/户	有效样本量/户	持有活期账户比例/%
全国	21 904	24 360	89.92%	33 908	37 624	90.12%
城镇	14 879	16 584	89.72%	23 495	25 574	91.87%
农村	7 025	7 776	90.34%	10 413	12 050	86.41%
东部	11 079	12 312	89.99%	16 877	18 659	90.45%
中部	5 611	6 260	89.63%	8 846	9 890	89.44%
西部	5 214	5 788	90.08%	8 185	9 075	90.19%

根据 2015 年数据，全国持有活期存款账户的家庭共 21 904 户，占有效样本 24 360 户的 89.92%。分城乡来看，城镇家庭持有活期账户的共 14 879 户，占有效样本 16 584 户的 89.72%；农村家庭持有活期账户的共 7 025 户，占有效样本 7 776 户的 90.34%，农村家庭持有活期账户的比例略高于城镇家庭。分东、中、西部地区来看，东部家庭持有活期账户的共 11 079 户，占有效样本 12 312 户的 89.99%；中部家庭持有活期账户的共 5 611 户，占有效样本 6 260 户的 89.63%；西部家庭持有活期账户的共 5 214 户，占有效样本 5 788 户的 90.08%。

根据 2017 年的数据，我国城乡家庭活期存款账户持有情况总体比 2015 年略有增长。整体来看，家庭活期存款账户虽有较小的城乡和地区差异，但差异并不大。家庭活期存款账户的拥有情况，在一定程度上代表了家庭基础金融服务可得性。根据 2015 年和 2017 年调查，我国家庭拥有银行活期存款账户的比例达 90% 左右，在一定程度上表明城乡家庭的基础金融服务可得性较高。

表 4.4 反映了 2015 年和 2017 年家庭活期存款账户数量。

表 4.4　家庭活期存款账户数量　　　　　　　　单位：个

区位	2015 年		2017 年	
	中位数	均值	中位数	均值
全国	2	2.43	2	2.63
城镇	2	2.67	2	2.94
农村	1	1.72	2	1.97
东部	2	2.64	2	2.92
中部	2	2.12	2	2.28
西部	2	2.30	2	2.41

从 2015 年数据可以看出，在拥有活期存款账户的样本家庭中，全国家庭平均拥有账户量为 2.43 个，城镇家庭平均拥有账户量为 2.67 个，农村家庭平均拥有账户量为 1.72 个。分地区来看，东部地区的家庭平均拥有 2.64 个活期存款账户，而中部和西部家庭分别为 2.12 个和 2.30 个账户。

从 2017 年的数据来看，整体上家庭活期账户的中位数除农村样本从 1 增加至 2 外，其余样本均保持 2 个的水平。虽然中位数的变化不大，但家庭活期账户的均值在不同样本均有较明显的上升。从家庭拥有活期存款账户数量来看，存在城镇家庭均值明显高于农村，东部高于中、西部的情况，且城乡差异和地区差异均较显著。

表 4.5 是城乡家庭 2015 年和 2017 年活期存款余额情况。

2015 年全国家庭活期存款余额的中位数为 8 000 元，均值为 39 166.02 元。分城乡来看，城镇家庭活期存款余额的中位数为 10 000 元，平均值为 45 722.44 元；农村家庭活期存款余额的中位数为 4 500 元，平均值为 18 916.41 元。分东、中、西部地区来看，东部地区家庭活期存款余额中位数和平均数分别为 10 000 元和 50 372.48 元，中部地区家庭分别为 6 000 元和 27 436.33 元；西部地区家庭分别为 5 000 元和 26 667.81 元。

值得关注的是，整体来看，2017 年家庭活期存款余额在各样本中均较 2015 年有明显的下降。具体来看，在全国样本中，家庭活期存款余额的中位数为 4 900 元，均值为 31 120.65 元，其中城镇家庭中位数为 7 000 元，平均值为 39 186.47 元；农村家庭中位数为 1 000 元，平均值为 12 907.58 元，家庭活期存款余额较大幅度减少。分东、中、西部地区来看，东部地区家庭活期存款余额中位数和平均数分别为 7 000 元和 42 334.55 元，中部地区家庭分别为 2 500 元和 19 412.08 元；西部地区家庭分别为 2 853.5 元和 20 646.48 元。

表 4.5　家庭活期存款账户余额　　　　　　　单位：元

区位	2015 年		2017 年	
	中位数	均值	中位数	均值
全国	8 000	39 166.02	4 900	31 120.65
城镇	10 000	45 722.44	7 000	39 186.47
农村	4 500	18 916.41	1 000	12 907.58
东部	10 000	50 372.48	7 000	42 334.55
中部	6 000	27 436.33	2 500	19 412.08
西部	5 000	26 667.81	2 853.5	20 646.48

但我们也可以看出，不管是 2015 年还是 2017 年数据，都存在城镇家庭活期存款余额高于农村家庭，东部家庭活期存款余额高于中部和西部家庭，城乡之间差异显著，东部和中、西部之间差距较大的情况。

4.1.1.3　家庭银行定期存款持有情况

与活期存款相比，定期存款在存入时双方就约定了期限、利率。大部分定期都约定必须到期才能将本息一起取出，一般提前支取都只能按活期利率计算，有利息损失的风险，因而具有一定的强制储蓄性，能够有效地鼓励家庭进行资金积累。在我国银行存款产品体系中，定期存款有多种形式，以整存整取为主，还包含零存整取、存本取息、整存零取等。与活期存款相比，定期存款具有存期固定、利率较高、流动性略低的特点。家庭存入银行的定期存款存期是固定的，一般有三个月、六个月、一年、二年、三年、五年几种存期，在到期前，如果家庭提前支取，一般不能享受约定的定期利率。理论上，对于要到期的定期存款，为了减少利息损失，家庭可以选择将定期存单进行质押贷款，对于大额定期存单，家庭还可以进行市场交易。在宏观货币体系中，M_1 加上银行的定期存款构成了广义的货币供应量 M_2。

表 4.6 是 2015 年和 2017 年家庭在银行拥有的定期存款账户（含定期存单）情况。

表 4.6　家庭定期存款账户持有情况

区位	2015 年			2017 年		
	持有定期账户/户	有效样本量/户	持有定期账户比例/%	持有定期账户/户	有效样本量/户	持有定期账户比例/%
全国	7 111	36 444	19.51	7 056	39 198	18.00
城镇	5 822	24 956	23.33	5 737	26 661	21.52
农村	1 289	11 488	11.22	1 319	12 537	10.52
东部	4 390	18 108	24.24	4 398	19 587	22.45
中部	1 452	9 624	15.09	1 431	10 235	13.98
西部	1 269	8 712	14.57	1 227	9 376	13.09

2015 年，全国拥有定期存款账户 7 111 户，占有效样本的 19.51%。分城乡来看，城镇家庭持有银行定期存款账户 5 822 户，占有效样本的 23.33%；农村家庭持有银行定期存款账户 1 289 户，占有效样本的 11.22%，较城镇家庭低 12.11 个百分点。分地区来看，东部家庭持有银行定期存款账户 4 390 户，占有效样本的 24.24%；中部家庭持有银行定期存款账户 1 452 户，占有效样本的 15.09%；西部家庭持有银行定期存款账户 1 269 户，占有效样本的 14.57%。

与 2015 年相比，2017 年家庭拥有定期存款账户的比例均有不同程度下降，如在全国样本中，该比例从 19.51% 下降至 18.00%，两年间下降了 1.51 个百分点，这种现象在城乡和地区样本中也显著存在，表明随着经济的发展和家庭理财观念的变化，传统型银行定期存款的吸引力在下降。

表 4.7 是 2015 年和 2017 年家庭定期存款账户余额情况。

2015 年，全国共 6 945 户家庭拥有定期存款余额。在持有定期存款的样本中，定期存款中位数为 50 000 元，均值为 101 389.60 元。分城乡来看，城镇家庭定期存款中位数为 50 000 元，均值为 113 488.20 元；农村家庭定期存款中位数为 25 000 元，均值为 47 326.95 元，存在显著的城乡差异。分地区来看，东部家庭定期存款中位数为 50 000 元，均值为 116 101.60 元；中部家庭定期存款中位数为 42 293.06 元，均值为 77 600.46 元；西部家庭定期存款中位数为 40 000 元，均值为 78 281.17 元，存在显著的地区差异。与 2015 年数据相比，2017 年家庭定期存款余额中位数和均值都有较大幅度的增加，但依然存在明显的城乡和地区差异。

从表 4.6 和表 4.7 来看，虽然城乡家庭拥有定期存款账户的比例在下降，但家庭定期存款账户余额中位数和均值均有不同程度的上升。

表 4.7　家庭定期存款账户余额　　　　　　　　单位：元

区位	2015 年			2017 年		
	有效样本/户	中位数/元	均值/元	有效样本/户	中位数/元	均值/元
全国	6 945	50 000	101 389.60	7 049	50 000	120 328.6
城镇	5 675	50 000	113 488.20	5 731	60 000	133 990
农村	1 270	25 000	47 326.95	1 318	30 000	60 925.25
东部	4 269	50 000	116 101.60	4 395	60 000	138 750.9
中部	1 421	42 293.06	77 600.46	1 428	50 000	93 718.36
西部	1 255	40 000	78 281.17	1 226	45 000	85 282.17

表 4.8 是 2015 年家庭定期存款利息收入的情况[①]。全国家庭 2015 年利息收入中位数为 1 000 元，平均数是 3 458.27 元。分城乡来看，城镇家庭利息收入中位数为 1 500 元，平均数是 3 913.09 元；农村家庭利息收入中位数为 650 元，平均数是 1 499.36 元，有显著的城乡差异。分地区来看，东部地区家庭利息收入中位数为 1 500 元，平均数是 4 089.81 元；中部地区家庭利息收入中位数为 900 元，平均数是 2 766.82 元；西部地区家庭利息收入中位数为 870 元，平均数是 2 238.75 元，地区差异较大。

表 4.8　2015 年家庭定期存款利息收入　　　　　　　　单位：元

区位	有效样本/户	中位数/元	均值/元
全国	5 965	1 000	3 458.27
城镇	4 841	1 500	3 913.09
农村	1 124	650	1 499.36
东部	3 563	1 500	4 089.81
中部	1 286	900	2 766.82
西部	1 116	870	2 238.75

---

① CHFS2017 年调查未询问家庭定期存款利息收入，故数据缺失，未能进行比较。

4.1.1.4　家庭股票账户现金持有情况

中国家庭金融调查问卷对家庭股票账户中的现金进行了调查。在我国股票投资者的账户中，经常留有较大金额的现金，根据我国股票市场交易制度的规定，股票账户的现金可以在交易时段实时转出至对应的银行卡，也可以购买股票。因而，由于家庭股票账户的现金流动性与银行活期账户接近，我们将家庭股票账户的现金视同银行活期存款，归于储蓄性金融资产范畴。

表4.9是2015年和2017年家庭股票账户现金余额情况。其中2015年全国股票账户现金余额中位数为10 000元，均值82 092.18元，2017年股票账户中位数上升至17 299元，但均值下降至66 022.33元。从2015年和2017年的城乡、地区样本来看，家庭股票账户现金余额有显著的城乡差异和地区差异。

表4.9　家庭股票账户的现金余额　　　　　　单位：元

区位	2015年			2017年		
	有效样本/户	中位数/元	均值/元	有效样本/户	中位数/元	均值/元
全国	3 664	10 000	82 092.18	3 175	17 299	66 022.33
城镇	3 600	10 000	82 534.83	3 115	17 768	66 511.48
农村	64	15 665.21	57 193.11	60	4 969	40 627.05
东部	2 626	10 000	88 472.26	2 264	19 154	70 807.92
中部	541	15 000	78 386.61	461	17 768	59 285.98
西部	497	10 000	52 415.38	450	13 127.5	48 846.52

4.1.2　家庭风险性金融资产选择

随着我国以股票为主的风险性金融市场的建立和完善，以及家庭财富积累的增长，将剩余资金投资于风险性金融资产以获取更高的投资收益，已成为家庭金融资产配置的一种重要方式。在本书中，风险性金融资产包括理财类产品、债券、基金、股票和其他金融衍生品，是与储蓄性金融资产相对应的，其主要特征就是投资收益具有不确定性，甚至有本金损失的风险。风险性金融资产也包含很多种产品，各种产品通过不同的组合形成了金融市场的产品体系，特别是在近年来的金融创新环境下，风险金融产品层出不穷，为家庭提供了多样化的金融产品。当然，不同的风险性金融资产，因其产品特征、结构、标的等不同，其风险性、收益性和流动性也有很大差异。如期货、期权及衍生金融工具，为金融市场价格发现和规避风险提供了渠道，也为投资者参与市场投机提供了可能性，但其复杂的交易结构对投资者的金融知识要求较高，因而也只有少部分家庭参与。

从金融资产组合理论来看，家庭除了要持有部分储蓄，还需要持有部分风险性金融资产，如股票、基金等，通过投资组合的多元化来分散投资风险。同时，虽然风险性金融资产有较大的风险性，但风险与收益是对等的，即在承担金融资产风险的同时，也有可能带来较高的投资收益。金融资产投资收益作为家庭财产性收入的组成部分，对家庭收入和消费支出结构均产生重要影响。家庭参与风险性金融市场投资，既能为实体经济提供资金资源，也能够发挥市场配置资源的作用。家庭风险性金融市场的参与和风险性金融资产的持有受多各种因素的共同影响，如家庭收入、家庭人口结构、金融市场发展状况等。

表 4.10 是 2015 年及 2017 年家庭风险性金融资产的持有情况。2015 年持有风险性金融资产的家庭仅 4 651 户，但中位数和均值都远高于家庭储蓄性金融资产持有情况，表明家庭在参与风险性金融市场后，会将更多的资产配置于风险性金融资产。从全国家庭来看，风险性金融资产的中位数为 66 000 元，均值为 211 042.60 元[1]。分城乡来看，城镇家庭风险性金融资产中位数为 70 000 元，均值为 213 902.70 元，而农村家庭风险性金融资产中位数为 27 000 元，均值为 116 805.90 元。分地区来看，东部家庭风险性金融资产中位数为 80 000 元，均值为 237 451.80 元，均高于中、西部家庭，中、西部家庭之间在风险性金融资产配置方面差异不大。

表 4.10　家庭风险性金融资产持有情况

区位	2015 年			2017 年		
	有效样本/户	中位数/元	均值/元	有效样本/户	中位数/元	均值/元
全国	4 651	66 000	211 042.60	6 301	50 000	157 955.4
城镇	4 514	70 000	213 902.70	5 966	50 000	164 376.2
农村	137	27 000	116 805.90	335	5 000	43 607.71

① 本节的均值和中位数，均是指持有该类金融资产的家庭的数据，对于未持有该类金融资产的家庭，则中位数和均值未计算在内。

表4.10(续)

区位	2015 年			2017 年		
	有效样本/户	中位数/元	均值/元	有效样本/户	中位数/元	均值/元
东部	3 235	80 000	237 451.80	4 309	55 000	183 353.3
中部	707	50 000	165 195.40	1 025	30 000	112 495.5
西部	709	50 000	136 261.90	967	30 287	92 967.25

2017 年持有风险性金融资产的家庭有 6 301 户，与 2015 年数据相比，家庭风险性金融资产中位数从 66 000 元下降至 50 000 元，均值从 211 042.60 元下降至 157 955.4 元，且这种较大幅度的下降趋势在城乡和地区样本中也显著存在。家庭风险性金融资产持有余额大幅下降的原因，可能与股票市场行情高度相关。我国的风险性金融市场以股票市场为主，股市在 2015 年上半年经历快速上涨行情，上证指数在创下 5 178.19 点后，进入持续熊市阶段，至 2017 年指数维持在 3 000~3 500 点之间振荡。这一方面说明我国以股票为主的风险性金融市场机制不完善，市场行情大起大落，市场投机氛围浓重；另一方面说明风险性金融市场并没有形成长期稳定的财富效应，家庭短期投资迹象明显，家庭股票投资额与市场行情高度相关。

从 2015 年和 2017 年的城乡家庭风险性金融市场参与情况来看，家庭风险性金融资产也存在一些共性特征，表现在：一是风险性金融市场存在明显的"有限参与"现象，即大量家庭根本不参与风险性金融市场。二是风险性金融市场的参与者主要是城镇家庭，风险性金融资产持有的城乡差异较大。从数据来看，风险性金融资产配置的城乡差异远大于地区差异。三是风险性金融资产持有情况波动较大，与股票市场行情高度相关。

4.1.2.1 家庭理财产品持有情况

家庭理财产品包括银行理财类产品、互联网理财类产品和其他理财类产品。银行理财类产品主要指通过银行渠道发行并销售的理财类产品。从银行理财类产品的发展来看，其最初的目的是适应家庭对财富保值增值的需求和市场竞争的需要，是维护中高端客户的产品。大部分银行理财类产品具有起点较高（一般为 5 万元以上。随着互联网理财类产品竞争的加剧，目前大部分银行理财类产品起点金额下降至 1 万元），期限固定，期限内资金被冻结（不能提前支取）的特点，与银行定期存款相比，银行理财类产品也有更高的收益。因为有银行的信用背书，整体风险可控，收益有保障，因而银行理财类产品成为家庭配置风险性金融资产的一个重要产品。互联网理财类产品是近年来逐渐盛行的通过互联网金融渠道发行的理财类产品，主要包括余额宝、零钱宝等，这类产品本质上与货币市场基金类似，但借助互联网渠道，将准入门槛降得很低，一般起点金额为 1 元甚至 1 分，赎回实时到账（目前宝宝类产品实时赎回额度降低至 1 万元），收益也较可观，因而成为广大年轻人主要购买的理财类产品。其他理财类产品是除上述两种理财类产品之外的产品，如众筹、P2P 网络借贷、券商集合计划等产品。

表 4.11 是 2015 年和 2017 年家庭持有金融理财类产品的情况。2015年，在全国样本中，持有理财类产品的家庭共 3 313 户，占样本的 8.88%，理财类产品余额的中位数为 40 000 元，均值为 110 347.4 元。分城乡来看，城镇家庭持有理财类产品的共 3 170 户，在城镇样本中的比例为 12.37%，理财类产品余额的中位数为 40 000 元，均值为 112 693 元；农村家庭持有理财类产品的共 143 户，在农村样本中的比例为 1.23%，理财类产品余额的中位数为 10 000 元，均值为 58 351.42 元。分地区来看，东部家庭持有理财类产品的共 2 285 户，在东部样本中的比例为 12.26%，理财类产品余额的中位数为 50 000 元，均值为 126 038.6 元；中部家庭持有理财类产品的共 496户，在中部样本中的比例为 5.07%，理财类产品余额的中位数为 20 000 元，均值为 82 353.4 元；西部家庭持有理财类产品的共 532 户，在西部样本中的比例为 6%，理财类产品余额的中位数为 20 000 元，均值为 69 051.68 元。

与 2015 年相比，2017 年家庭理财有不同程度的变化。在全国样本中，家庭理财类产品余额的中位数虽然从 40 000 元大幅下降至 25 000 元，但均值从 110 347.4 元小幅下降至 107 481.3 元，中位数的下降幅度高于均值，这种现象在城乡和地区样本中也存在。

表 4.11　家庭理财资产持有情况

区位	2015 年			2017 年		
	有效样本/户	中位数/元	均值/元	有效样本/户	中位数/元	均值/元
全国	3 313	40 000	110 347.4	4 293	25 000	107 481.3
城镇	3 170	40 000	112 693	4 028	30 000	112 560.9
农村	143	10 000	58 351.42	265	2 533	30 272.02
东部	2 285	50 000	126 038.6	2 961	31 600	124 186
中部	496	20 000	82 353.4	702	15 000	77 291.87
西部	532	20 000	69 051.68	630	15 000	62 608.99

自 2013 年余额宝诞生后，互联网金融产品逐渐成为理财类产品市场的热门，家庭参与互联网金融产品的可能性甚至高于银行理财类产品，对银行理财类产品形成有力的竞争冲击。根据上述对理财类产品的分类，全国家庭持有银行理财类产品、互联网理财类产品和其他理财类产品的比例分别为 4.71%、5.95% 和 0.42%，城镇家庭持有银行理财类产品、互联网理财类产品和其他理财类产品的比例分别为 6.62%、8.25% 和 0.59%，农村家庭对应的比例分别为 0.52%、0.88% 和 0.04%。家庭未持有互联网金融产品的最主要的三个原因分别是：没有听说过（47.3%）、资金有限（15.0%）、没有兴趣（12.7%）。

4.1.2.2 家庭债券持有情况

债券是中老年家庭比较喜欢的投资品种。本书的债券包括国库券、金融债券、地方政府债券和公司债券等多种形式。在我国资本市场完全建立前，债券主要以国库券的形式存在，为我国经济发展募集资金做出了重要贡献。随着金融市场的发展，其他债券规模逐渐壮大起来。整体来看，随着我国金融体制的改革和金融产品的创新，目前家庭金融产品体系已基本形成，家庭可选择的金融资产较多，因而，债券在家庭金融资产配置中已逐渐变成一种小众资产。2015 年，全国只有 0.5% 的家庭配置了债券，且主要集中在城镇家庭和东部地区家庭。中、西部家庭，特别是农村家庭配置债券的比例更低。

表 4.12 是 2015 年和 2017 年家庭债券资产持有情况。2015 年，全国配置了债券的家庭有 203 户，家庭债券资产的中位数为 50 000 元，均值为 109 758.60 元。2017 年配置债券的家庭有 215 户，家庭债券资产的中位数为 59 766 元，均值为 147 712.8 元，家庭债券余额的中位数和均值在城乡和地区样本中都有不同程度的增加。从城乡样本来看，债券资产主要集中在城镇家庭，农村家庭选择债券的可能性很小；从地区样本来看，债券资产主要集中在东部地区，相对而言，中、西部家庭配置债券的比例不高。

表 4.12 家庭债券资产持有情况

区位	2015 年			2017 年		
	有效样本/户	中位数/元	均值/元	有效样本/户	中位数/元	均值/元
全国	203	50 000	109 758.60	215	59 766	147 712.8
城镇	192	50 000	110 181.50	202	70 000	155 966.9
农村	11	50	102 376.20	13	8 220	19 455.92

表4.12(续)

区位	2015 年			2017 年		
	有效样本/户	中位数/元	均值/元	有效样本/户	中位数/元	均值/元
东部	143	66 000	126 350.70	152	80 483	174 387
中部	41	30 000	72 405.76	32	24 961.5	76 373.09
西部	19	20 000	65 484.21	31	50 000	90 563.97

4.1.2.3 家庭基金持有情况

广义的基金是指为了某种目的而设立的具有一定数量的资金。根据不同的标准,基金可以划分为多种形式,家庭配置的基金一般通过基金公司直接销售或其他中介机构代销,资金用于资本市场投资。基金的风险主要取决于投资标的,除了货币市场基金风险相对较小外,其他债券基金、股票基金的风险均较高,不仅投资收益不能够得到保障,本金也有可能损失掉。但在资本市场行情较好的时候,高风险的基金也有获取高收益的可能性。因为股票、期货等金融产品,对投资者的专业知识要求较高,因而,家庭通过购买基金的形式委托专业机构进行投资,在一定程度上降低了自身专业知识欠缺导致的风险。

表4.13是2015年和2017年家庭基金配置情况。2015年全国家庭配置基金的比例为3.25%,在配置基金的家庭中,基金资产价值的中位数为35 000元,均值为103 342.9元。分城乡来看,城镇家庭配置基金的比例为4.90%,在配置基金的城镇家庭中,基金资产价值的中位数为35 000元,均值为104 555.9元;农村家庭配置基金的比例仅为0.25%,在配置基金的农村家庭中,基金资产价值的中位数为10 000元,均值为50 765.53元。

表 4.13 家庭基金持有情况

区位	2015 年			2017 年		
	有效样本/户	中位数/元	均值/元	有效样本/户	中位数/元	均值/元
全国	1 286	35 000	103 342.9	1 236	39 133	105 769.2
城镇	1 257	35 000	104 555.9	1 214	39 496.5	106 448.8
农村	29	10 000	50 765.53	22	30 000	68 268.95
东部	899	45 000	120 939.8	879	41 032	114 274.5
中部	171	30 000	69 491.96	155	40 000	110 377.4
西部	216	20 000	56 902.89	202	20 000	65 222.6

分地区来看，东部家庭配置基金的比例为 4.82%，在配置基金的东部家庭中，基金资产价值的中位数为 45 000 元，均值为 120 939.8 元；中部家庭配置基金的比例为 1.75%，在配置基金的中部家庭中，基金资产价值的中位数为 30 000 元，均值为 69 491.96 元；西部家庭配置基金的比例为 2.44%，在配置基金的西部家庭中，基金资产价值的中位数为 20 000 元，均值为 56 902.89 元。与 2015 年相比，2017 年家庭基金持有均值有一定的增长，但也存在显著的城乡和地区差异。

4.1.2.4 家庭股票持有情况

股票是公司为筹集资金而发放给股东的有价证券，是证券交易所最主要的交易对象，也是股东取得股息和红利的凭证。影响家庭持有股票的因素很多，比如家庭收入、宏观经济发展状况、金融市场效率等。与其他风险性金融资产的持有可能性相比，家庭进行股票资产配置的可能性更大。主要原因是随着我国资本市场改革的推进，上市公司的数量迅速增加，特别是在股市行情较好的时候，短期内就能够取得较高的投资收益，容易形成投资的财富示范效应。我国股票市场长期宽幅振荡，市场投机氛围较重，投资者的金融素养还有待提高，家庭持有股票难以形成投资的财富示范效应，这也是制约我国家庭配置股票资产的因素。根据调查，2015 年我国家庭有股票账户的比例为 10.08%，仍然有接近 90% 的家庭未开立股票账户。关于家庭未开立股票账户的主要原因，认为炒股风险太高的有 34.57%，资金有限的有 42.25%，没有炒股相关知识的有 35.40%。

表 4.14 是 2015 年和 2017 年家庭股票资产持有情况。从全国来看，2015 年家庭持有股票资产的中位数为 50 000 元，均值为 176 327.6 元；2017 年家庭持有股票资产的中位数为 60 000 元，均值为 144 530.2 元。与 2015 年相比，家庭股票资产的均值有一定的下降，这种现象在城乡和地区样本中也明显存在。我国家庭配置股票的主要是城镇和东部发达地区的家庭，城乡和地区差异大。分城乡来看，城镇家庭持有股票的家庭远高于农村家庭；分地区来看，东部地区持有股票的家庭远高于中、西部家庭。

表 4.14　家庭股票资产持有情况

区位	2015 年			2017 年		
	有效样本/户	中位数/元	均值/元	有效样本/户	中位数/元	均值/元
全国	2 567	50 000	176 327.6	2 327	60 000	144 530.2
城镇	2 535	50 000	176 302.9	2 289	60 000	145 785.6
农村	32	45 000	178 278.6	38	25 000	68 906.55
东部	1 859	50 672.70	190 262.8	1 653	70 000	160 602.7
中部	376	40 000	155 680.1	341	50 000	109 802.8
西部	332	30 000	121 682.5	333	50 000	100 308.6

4.1.2.5　家庭其他风险性金融资产持有情况

在本书中，其他风险性金融资产包括金融衍生品、非人民币资产、贵金属和其他金融资产。整体来看，作为小众的风险性金融资产，这些资产对金融知识的要求极高，交易规则比较复杂，因而持有这类风险性金融资产的家庭并不多。

表 4.15 是 2015 年和 2017 年家庭持有其他风险性金融资产的情况。2015 年全样本仅 280 户家庭持有这类资产，中位数和均值分别为 20 000 元和 182 352.9 元，2019 年全样本有 297 户家庭持有这类资产，中位数和均值分别为 21 880 元和 118 009.3 元。其他风险性金融资产主要集中在城镇家庭和东部发达地区家庭。

表 4.15　家庭其他风险性金融资产持有情况

区位	2015 年			2017 年		
	有效样本/户	中位数/元	均值/元	有效样本/户	中位数/元	均值/元
全国	280	20 000	182 352.9	297	21 880	118 009.3
城镇	256	20 000	197 445.2	275	30 000	119 402.1
农村	24	10 000	21 368.09	22	5 000	100 600.3
东部	194	20 000	169 708.9	216	30 000	138 539.4
中部	51	20 000	149 940.8	45	15 000	90 084.6
西部	35	12 500	299 665.6	36	20 000	29 734.99

4.1.3 家庭金融资产选择的规模与结构

随着家庭财富的积累，金融资产已成为家庭资产配置中不可缺少的科目，金融资产的总量和结构，对微观家庭消费与储蓄产生了重要影响，对宏观金融发展和经济增长也有促进作用。从上述家庭储蓄性和风险性金融资产选择的现状来看，存在风险性金融资产配置较少、金融资产城乡和地区差异较大、金融资产结构不均衡的情况。

4.1.3.1 家庭金融资产配置规模情况

表4.16是2015年和2017年家庭全部金融资产持有情况。2015年，在全国样本中，持有金融资产的家庭共37 047户，占全样本的99.35%，金融资产的中位数为8 000元，均值为86 586.25元。分城乡来看，城镇家庭持有金融资产的共25 439户，占样本的99.23%，金融资产的中位数和均值分别为17 200元和116 659.9元；农村家庭持有金融资产的共11 608户，占样本的99.61%，金融资产的中位数和均值分别为2 000元和20 679.77元。

2017年，在全国样本中，持有金融资产的家庭共39 999户，金融资产的中位数为9 000元，均值为84 056.1元。分城乡来看，城镇家庭持有金融资产的共27 269户，金融资产的中位数和均值分别为17 392元和113 154.6元；农村家庭持有金融资产的共12 730户，金融资产的中位数和均值分别为2 356.5元和21 724.03元。从城乡家庭金融资产持有规模来看，城镇家庭显著高于农村家庭。

从地区来看，东、中、西部家庭金融市场参与率都在99%以上，没有表现出差异性，但金融资产余额上差异较大，主要体现在东部家庭远高于中、西部家庭。从家庭金融资产参与的可能性来看，城乡之间、地区之间的差异并不明显，但从家庭金融资产结构和金额来看，城乡之间、地区之间存在显著的差距。

表4.16 家庭金融资产规模情况

区位	2015年			2017年		
	有效样本/户	中位数/元	均值/元	有效样本/户	中位数/元	均值/元
全国	37 047	8 000	86 586.25	39 999	9 000	84 056.1
城镇	25 439	17 200	116 659.9	27 269	17 392	113 154.6
农村	11 608	2 000	20 679.77	12 730	2 356.5	21 724.03

表4.16(续)

区位	2015 年			2017 年		
	有效样本/户	中位数/元	均值/元	有效样本/户	中位数/元	均值/元
东部	18 477	15 000	124 614	20 068	16 654	121 562
中部	9 749	5 000	48 866.12	10 404	5 000	47 571.45
西部	8 821	5 500	48 619.44	9 527	5 000	44 895.49

表 4.17 是 2015 年和 2017 年家庭金融资产投资收益情况。从全国样本来看，家庭金融资产投资收益中位数为 1 800 元，均值为 18 744.43 元。分城乡来看，城镇家庭金融资产投资收益中位数为 2 000 元，均值为 21 634.18 元；农村家庭金融资产投资收益中位数为 870 元，均值为 3 322.47 元。分地区来看，东部家庭金融资产投资收益中位数为 2 300 元，均值为 22 996.63 元；中部家庭金融资产投资收益中位数为 1 050 元，均值为 13 042.31 元；西部家庭金融资产投资收益中位数为 1 000 元，均值为 10 584.25 元。2017 年家庭金融资产投资收益（不含定期存款利息）中位数为 500 元，均值为 9 364.28 元，其中城镇家庭中位数和均值分别为 600 元和 9 397.78 元，农村家庭中位数和均值分别为 50 元和 8 767.65 元。

表 4.17　家庭金融资产投资收益情况

区位	2015 年			2017 年①		
	有效样本/户	中位数/元	均值/元	有效样本/户	中位数/元	均值/元
全国	6 755	1 800	18 744.43	6 302	500	9 364.28
城镇	5 689	2 000	21 634.18	5 967	600	9 397.78
农村	1 066	870	3 322.47	335	50	8 767.65
东部	4 168	2 300	22 996.63	4 307	750	11 148.97
中部	1 378	1 050	13 042.31	1 028	200	7 500.37
西部	1 209	1 000	10 584.25	967	300	3 396.81

4.1.3.2　家庭金融资产配置结构情况

家庭金融资产配置结构是指在家庭金融资产中，各类金融资产分配的

---

① 因 CHFS2017 年调查未询问家庭定期存款利息收入，故 2017 年金融资产投资收益不包含定期存款利息，而 2015 年投资收益包含该定期存款利息收入，且定期存款利息收入在金融资产投资收益中占较大的比例，因而存在数据口径不一致的情况，不宜简单地直接做比较。

余额和所占的比例。家庭金融资产结构是微观家庭经济收入、风险偏好等特征的间接反映，也是宏观经济增长和金融发展的直接作用结果。表 4.18 是 2015 年家庭金融资产结构情况。整体来看，仍然是储蓄性金融资产占主体地位，但家庭进入风险性金融市场后，将在家庭金融资产中配置更多的风险性金融资产。

表 4.18　2015 年家庭金融资产结构情况　　　　　　　　单位：元

区位	储蓄性金融资产		风险性金融资产		金融资产总额	
	中位数	均值	中位数	均值	中位数	均值
全国	7 500	60 102.64	66 000	211 042.60	8 000	86 586.25
城镇	14 000	78 725.75	70 000	213 902.70	17 200	116 659.9
农村	2 000	19 301.20	27 000	116 805.90	2 000	20 679.77
东部	12 000	83 058.33	80 000	237 451.80	15 000	124 614
中部	5 000	36 893.68	50 000	165 195.40	5 000	48 866.12
西部	5 200	37 671.47	50 000	136 261.90	5 500	48 619.44

表 4.19 是 2017 年家庭金融资产结构情况。总体来看，与 2015 年家庭资产结构相比，2017 年家庭金融资产结构有小幅变化。

表 4.19　2017 年家庭金融资产结构情况　　　　　　　　单位：元

区位	储蓄性金融资产		风险性金融资产		金融资产总额	
	中位数	均值	中位数	均值	中位数	均值
全国	8 000	59 173.55	50 000	157 955.4	9 000	84 056.1
城镇	13 800	77 191.90	50 000	164 376.2	17 392	113 154.6
农村	2 300	20 576.50	5 000	43 607.71	2 356.5	21 724.03
东部	13 051.5	82 192.40	55 000	183 353.3	16 654	121 562
中部	5 000	36 488.40	30 000	112 495.5	5 000	47 571.45
西部	4 500	35 459.20	30 287	92 967.25	5 000	44 895.49

表 4.20 是 2015 年和 2017 年家庭储蓄性和风险性金融资产的配置比例情况。2015 年全国样本中，家庭储蓄性金融资产在总金融资产中的占比为 69.40%，而风险性金融资产的占比为 30.60%，数据显示我国家庭金融资产仍然以储蓄性金融资产为主。分城乡来看，城镇家庭储蓄性金融资产在总金融资产中的占比为 67.46%，而风险性金融资产的占比为 32.54%；农

村家庭储蓄性金融资产在总金融资产中的占比为93.33%，而风险性金融资产的占比为6.67%，数据显示农村家庭配置储蓄性金融资产的比例远高于城镇家庭，城乡差异很明显。分地区样本来看，东部地区风险性金融资产配置比例最高，中、西部家庭的比例接近。

与2015年相比，2017年家庭金融资产配置比例略有变化，最明显的特征是家庭储蓄性金融资产的配置比例有小幅上升，对应的风险性金融资产配置比例有小幅下降。可能的原因是以股票为主的风险性金融市场，在2015年和2017年截然相反的市场行情，表现为2015年的上证指数快速上涨并创下了5 178.19点的高位，吸引家庭增加风险性金融资产配置。随后股票市场进入持续熊市阶段，至2017年指数维持在3 000~3 500点之间振荡，风险性金融市场没有形成长期投资效应，因而，家庭降低了风险性金融资产比例，影响了家庭金融资产配置结构。

表4.20　家庭金融资产配置比例　　　　　　　　单位:%

区位	2015 年		2017 年	
	储蓄性金融资产占比	风险性金融资产占比	储蓄性金融资产占比	风险性金融资产占比
全国	69.40	30.60	70.40	29.60
城镇	67.46	32.54	68.22	31.78
农村	93.33	6.67	94.72	5.28
东部	66.64	33.36	67.61	32.39
中部	75.48	24.52	76.70	23.30
西部	77.47	22.53	78.98	21.02

4.1.3.3　家庭主要特征与资产配置比例

表4.21是2015年和2017年家庭规模与金融资产配置比例。从表4.21中可以看出，2015年二人家庭和三人家庭风险性金融资产配置比例最高，分别为33.47%和34.20%。随着家庭人口规模的上升，储蓄性金融资产配置比例越来越高，而风险性金融资产配置比例越来越低。2017年家庭金融资产配置比例与2015年类似，三人家庭风险性金融资产配置比例最高，为34.72%。随着家庭人口规模的上升，家庭风险性金融资产配置比例下降。这与经济理论相符，即随着家庭人口规模的上升，家庭的负担更大，风险承受能力更低，因而更偏好储蓄性金融资产。与2015年相比，整体上储蓄

性金融资产占比上升，而风险性金融资产配置比例有小幅度的下降。

表 4.21　家庭规模与金融资产配置比例　　　　单位:%

家庭规模	2015 年		2017 年	
	储蓄性金融 资产占比	风险性金融 资产占比	储蓄性金融 资产占比	风险性金融 资产占比
1 人	73.80	26.20	72.26	27.74
2 人	66.53	33.47	70.17	29.83
3 人	65.80	34.20	65.28	34.72
4 人	70.40	29.60	75.24	24.76
5 人	76.68	23.32	74.81	25.19
6 人	78.58	21.42	79.18	20.82
7 人及以上	84.92	15.08	88.56	11.44

表 4.22 是 2015 年和 2017 年家庭户主年龄特征与金融资产配置比例情况。2015 年，随着家庭财务决策者（户主）年龄的增加，家庭储蓄性金融资产在总资产中占有的比例呈先下降后上升的趋势，36~45 岁户主的家庭储蓄性金融资产占比最低，为 65.68%，而同期风险性金融资产占比最高，为 34.32%。36~45 岁是家庭风险承受能力最强的时候，因而配置风险性金融资产的比例更高。当户主年龄超过 45 岁以后，家庭风险性金融资产的占比就逐渐下降，这与传统经济理论一致。2017 年，户主年龄与家庭金融资产配置结构与 2015 年类似，36~45 岁户主家庭储蓄性金融资产占比为 68.09%，风险性金融资产占比 31.94%，风险性金融资产配置比例有小幅下降。

表 4.22　户主年龄与金融资产配置比例　　　　单位:%

户主年龄	2015 年		2017 年	
	储蓄性金融 资产占比	风险性金融 资产占比	储蓄性金融 资产占比	风险性金融 资产占比
16~25 岁	81.11	18.89	85.41	14.59
26~35 岁	72.17	27.83	69.60	30.40
36~45 岁	65.68	34.32	68.09	31.91
46~55 岁	68.81	31.19	69.53	30.47
大于 55 岁	69.61	30.39	71.50	28.50

表 4.23 是 2015 年和 2017 年家庭户主学历特征与资产配置比例情况。整体来看，随着户主学历的提高，家庭储蓄性金融资产的占比逐渐下降，而风险性金融资产的占比则逐渐上升。

表 4.23　户主学历与金融资产配置比例　　　　单位:%

户主学历	2015 年		2017 年	
	储蓄性金融资产占比	风险性金融资产占比	储蓄性金融资产占比	风险性金融资产占比
未上过学	93.30	6.70	89.45	10.55
小学	92.85	7.15	88.83	11.17
初中	80.70	19.30	80.53	19.47
高中/中专/职高	69.42	30.58	71.85	28.15
大专/高职	62.37	37.63	64.72	35.28
大学本科	58.70	41.30	58.55	41.45
研究生	59.93	40.07	55.54	44.46

2015 年，未上过学和小学学历的户主家庭，储蓄性金融资产占比分别高达 93.30% 和 92.85%，而风险性金融资产的占比只有 6.70% 和 7.15%。高中学历户主家庭的风险性金融资产占比有显著提升，达到 30.58%，随着家庭户主学历进一步提高至本科，风险性金融资产的占比上升至 37.63%。达到本科学历以后，户主学历对风险性金融资产占比的提升作用减小，本科和研究生以上户主学历家庭风险性金融资产占比维持在 40% 以上。2017 年，家庭户主学历特征与金融资产配置比例与 2015 年相似，本科和研究生学历户主家庭配置的风险性金融资产比例最高，整体呈现出明显的户主学历与储蓄性金融资产反相关、与风险性金融资产正相关的特点。从数据可以看出，户主学历对家庭参与风险性金融资产有显著的促进作用。

表 4.24 是 2015 年和 2017 年家庭风险偏好特征与资产配置比例情况。2015 年，风险偏好的家庭储蓄性金融资产占比为 58.75%，风险性金融资产占比为 41.25%；风险中性的家庭储蓄性金融资产占比为 64.38%，风险性金融资产占比为 35.62%；风险厌恶的家庭储蓄性金融资产占比为 77.13%，风险性金融资产占比为 22.87%。2017 年家庭风险特征与金融资产配置比例与 2015 年基本一致，风险偏好的家庭储蓄性金融资产占比为 57.66%，风险性金融资产占比为 42.34%；风险中性的家庭储蓄性金融资产占比为 65.88%，风险性金融资产占比为 34.12%；风险厌恶的家庭储蓄

性金融资产占比为76.18%，风险性金融资产占比为23.82%。可见，随着家庭风险偏好程度的上升，家庭风险性金融资产配置比例也越高，这与传统经济理论相符。

表4.24　风险态度与金融资产配置比例　　　　　　单位:%

风险态度	2015 年		2017 年	
	储蓄性金融资产占比	风险性金融资产占比	储蓄性金融资产占比	风险性金融资产占比
风险偏好	58.75	41.25	57.66	42.34
风险中性	64.38	35.62	65.88	34.12
风险厌恶	77.13	22.87	76.18	23.82

表4.25是2015年和2017年家庭其他特征与金融资产配置比例情况。整体来看，我国家庭储蓄性金融资产配置比例基本是风险性金融资产的一倍以上，家庭更偏好稳健的储蓄，风险性金融资产的配置比例仍然有待提高。其中2015年，已婚家庭风险性金融资产的比例为31.42%，较未婚家庭高5.81个百分点；拥有自有住房的家庭风险性金融资产的比例为30.92%，较无自有住房家庭高2.38个百分点；财务决策者为女性的家庭风险性金融资产的比例为32.06%，较男性高2.53个百分点；有保险的家庭风险性金融资产的比例为31.26%，较无保险的家庭高7.66个百分点。2017年，已婚家庭风险性金融资产的比例为30.01%，较未婚家庭高4.85个百分点；拥有自有住房的家庭风险性金融资产的比例为29.75%，较无自有住房家庭高0.99个百分点；财务决策者为女性的家庭风险性金融资产的比例为32.68%，较男性高3.93个百分点；有保险的家庭风险性金融资产的比例为29.98%，较无保险的家庭高8.32个百分点。

表4.25　家庭其他特征与金融资产配置比例　　　　　　单位:%

其他特征		2015 年		2017 年	
		储蓄性金融资产占比	风险性金融资产占比	储蓄性金融资产占比	风险性金融资产占比
婚姻状况	已婚	68.58	31.42	69.99	30.01
	未婚	74.39	25.61	74.84	25.16
自有住房	有自有住房	69.54	30.92	70.25	29.75
	无自有住房	71.46	28.54	71.24	28.76

表4.25(续)

其他特征		2015 年		2017 年	
		储蓄性金融资产占比	风险性金融资产占比	储蓄性金融资产占比	风险性金融资产占比
房贷	有房贷	65.04	34.96	62.24	37.76
	无房贷	70.11	29.89	71.95	28.05
户主性别	男性	70.47	29.53	71.25	28.75
	女性	67.94	32.06	67.32	32.68
工作	有工作	69.53	30.47	70.81	29.19
	无工作	68.97	31.03	69.79	30.21
保险	有保险	68.71	31.26	70.02	29.98
	无保险	76.4	23.60	78.34	21.66

综上所述，与2015年相比，家庭金融资产配置结构整体类似，但风险性金融资产占比略有下降，主要原因可能是以股票为主的风险性金融市场行情变化影响了家庭金融资产配置。现时，我们也发现，家庭规模、年龄、学历、风险态度、婚姻状况、住房、性别、保险等对金融资产选择有显著的影响。

4.1.4　家庭金融资产投资收益

家庭配置金融资产的一个重要目的就是通过让渡金融资产的部分权利，获得投资收益。金融资产投资收益作为家庭财产性收入的重要来源，在家庭收入结构中占有一定的比例，对家庭消费支出具有较大的影响。

4.1.4.1　家庭储蓄性金融资产收益情况

家庭储蓄性金融资产包含现金、银行活期存款、银行定期存款和股票账户内的现金，其中能够产生投资收益的主要是银行定期存款（活期存款虽然有利息但很低）。表4.26是2015年家庭定期存款收益情况，在5 965户获得银行定期投资收益的有效样本中，银行定期存款收益中位数为1 000元，均值为3 458.27元。分城乡来看，在农村家庭1 124户获得定期存款收益的家庭中，均值是1 499元；城镇家庭4 841户获得定期存款收益的家庭中，均值是3 913元。数据显示，城镇家庭、东部家庭从定期存款中获得的收益更高，这主要与这些家庭投资银行定期存款的规模较大相关。

表 4.26 2015 年家庭定期存款收益情况① 单位：元

区位	有效样本/户	中位数/元	均值/元
全国	5 965	1 000	3 458.27
城镇	4 841	1 500	3 913.10
农村	1 124	650	1 499.36
东部	3 563	1 500	4 089.81
中部	1 286	870	2 766.82
西部	1 116	870	2 238.75

4.1.4.2 家庭风险性金融资产收益情况

风险性金融资产包括理财类产品、债券、基金、股票和金融衍生品等。表 4.27 是 2015 年和 2017 年家庭风险性金融资产收益情况。从有效样本看，股票、基金和理财类产品是家庭主要配置的风险性金融资产。但股票和基金这两种风险性金融资产，投资收益的中位数除基金在 2017 年是 200 元外均为 0，表明大部分家庭在股票和基金投资中没有获得正向的投资收益，印证了股票市场投资收益效应没有形成的观点。值得注意的是，持有理财类产品的家庭从 2015 年的 143 户增加至 2017 年的 1 637 户，原因主要是金融深化发展和金融科技的应用，特别是互联网理财类产品逐渐被许多年轻家庭选择，提高了家庭的参与程度。

表 4.27 家庭风险性金融资产收益情况

区位	2015 年			2017 年②		
	有效样本/户	中位数/元	均值/元	有效样本/户	中位数/元	均值/元
股票	2 460	0	32 363.56	2 326	0	3 372.00
基金	1 130	0	10 699.81	1 234	200	6 288.30
债券	181	400	5 932.55	233	750	5 732.81
理财类产品	143	5 000	40 942.61	1 637	5 000	11 877.17
金融衍生品	20	1 750	280 350.00	22	242.5	18 087.77
其他	21	0	24 523.81	33	0	22 749.42

---

① 因 2017 年未询问家庭定期存款利息收入，故本书未给出 2017 年定期存款利息收入。

② 因 CHFS2017 调查未询问家庭定期存款利息收入，故 2017 年金融资产投资收益不包含定期存款利息，2015 年则包含该数据，故存在数据口径不一致的情况。

4.1.4.3 家庭金融资产投资收益占比情况

金融资产投资收益是家庭财产性收入的重要来源，金融资产投资收益在家庭总收入中占有一定比例。从表 4.28 我们可以看出，2015 年，从全国样本来看，金融资产投资收益在家庭收入中占 8.42%，其中城镇家庭为 8.74%，农村家庭为 6.54%；分地区来看，该比例在东、中、西部家庭中分别为 9.29%、7.39% 和 6.60%。

表 4.28　2015 年家庭金融资产投资收益占总收入的比例

区位	有效样本/户	中位数/%	均值/%
全国	8 359	1.88	8.42
城镇	7 163	1.87	8.74
农村	1 196	1.94	6.54
东部	8 181	2.11	9.29
中部	1 680	1.65	7.39
西部	1 498	1.53	6.60

4.2　城乡家庭金融资产选择的特征

改革开放前我国长期处于计划经济时代，工资收入被人为压制在较低水平，家庭财富积累极为有限，同时金融市场发展滞后，家庭金融资产选择既缺乏物质基础也没有金融产品体系的支撑。我国家庭财富经过近几十年的积累，目前金融资产已经成为家庭财产的重要组成部分，对家庭消费和经济行为产生了重大影响，金融资产需求具备了物质基础。同时随着金融市场的发展和金融产品的创新，家庭金融产品体系已基本形成，金融产品供给机制相对健全。家庭金融资产选择受多种因素的影响，其选择结果对微观家庭福利和宏观经济发展均会产生显著的影响。

最近 20 年是我国家庭金融资产选择发展的高速时期，特别是随着社会的变迁，家庭规模的缩小，家庭功能、结构和观念均发生了明显的变化，家庭财富积累和财富保值增值观念越来越强。但与欧美发达国家相比，我国家庭金融资产持有仍然有较大的差距。整体来看，我国家庭金融资产选择存在以下特征：

4.2.1 家庭金融资产选择的储蓄化

根据家庭金融资产的风险特征可将其分为储蓄性金融资产和风险性金融资产，家庭金融资产的选择首先就是在储蓄性金融资产和风险性金融资产之间进行的，然后才是选择具体的金融工具或金融产品。从我国家庭金融资产在两者中的分配比例来看，虽然风险性金融资产占比有上升趋势，但仍然是储蓄性金融资产占主导地位。从表4.20家庭储蓄性和风险性金融资产占比可以看出，在全国范围内，储蓄性金融资产在总金融资产中配置比例高达69.40%，其中城镇家庭该比例为67.46%，在农村地区则高达93.99%，即便在经济最发达的东部地区，家庭储蓄性金融资产占比也为66.64%，即储蓄性金融资产是风险性金融资产的2倍，中、西部家庭储蓄性金融资产占比都在75%以上。更为显著的是，大量家庭在资产配置中根本就不选择风险性金融资产，风险性金融资产配置存在明显的"有限参与"现象。具体表现为有87.31%的家庭只持有储蓄性金融资产，特别是在农村家庭，家庭金融资产结构中储蓄特征十分明显。

我国家庭偏好储蓄性金融资产有深刻的社会背景。从历史来看，一方面，传统的自给自足封建社会和儒家文化倡导勤俭节约，抑制了家庭消费，在长期以农业为主的经济结构中，小规模的农业生产没有为家庭带来更多的储蓄；另一方面，工商业处于被压制状态，社会融资需求并不旺盛，既缺乏高收益的商业投资来支撑风险性金融资产的回报，也没有形成风险性金融市场机制。正规金融机构在我国成立的时间较晚，在长期的历史中，家庭更多地将货币存放在家中或钱庄，其目的更多的也是为了安全，缺乏金融资产保值增值的意识和渠道。在我国改革开放和金融市场建立以前，计划经济环境下的家庭储蓄的主要方式是银行存款或购买国债，也没有风险性金融资产投资的渠道。家庭储蓄性金融资产比例过高，一直是困扰我国金融市场发展的难题，储蓄性金融资产需要通过银行类金融中介将资金用于社会生产。金融中介的加入，提高了社会的融资成本，减少了企业直接融资的资金来源。

4.2.2 家庭金融资产选择的单一化

经典资产组合理论强调，家庭需要尽可能地分散投资组合的风险。从世界范围来看，特别是风险性金融资产的有限参与是一个普遍存在的问题。2010 年，美国家庭股票市场参与率也只有 15%，中国人民银行家庭金融资产结构调查表明，2013 年我国家庭金融资产的结构中股票只占7.31%。大量家庭根本不投资股票，或股票的持有数量远低于理论上的最优资产组合规模。从我国家庭金融资产选择的现状来看，金融资产配置的多元化是一个重要的趋势。然而，从我国家庭金融资产配置的种类来看，多元化配置仍然不足，许多家庭只持有单一的金融资产。对于家庭金融资产选择的单一化，学术界将其称为"有限参与"之谜。

我们发现，我国家庭储蓄性和风险性金融资产选择的品种均表现出显著单一化的特征，即大部分的家庭持有金融资产的数量远低于理论预期水平。表 4.29 对 2015 年我国家庭储蓄性金融资产持有数量进行统计，持有1 种和 2 种储蓄性金融资产的家庭占比分别为 34.09% 和 43.31%，合计高达 77.40%，持有 3 种及以上储蓄性金融资产的家庭只有 18.37%。

表 4.29　家庭储蓄性金融资产种类分布

储蓄性金融资产种类/种	样本数量/户	在样本中的占比/%
0	1 925	5.23
1	12 710	34.09
2	15 776	43.31
3	6 059	16.25
4	792	2.12

表 4.30 对 2015 年我国家庭风险性金融资产持有种类进行统计，可以发现，风险性金融资产"有限参与"现象更为普遍，且金融资产持有数量也单一化。具体表现为 87.31% 的家庭没有持有风险性金融资产，9.39% 的家庭只持有 1 种风险性金融资产，持有 2 种及以上风险性金融资产的只有1 230 户，在全样本中的比例只有 3.30%。即便在持有风险性金融资产的家庭中，全国家庭平均持有数量也只有 2.4 种。

表 4.30　家庭风险性金融资产种类分布

风险性金融资产种类/种	样本数量/户	在样本中的占比/%
0	32 558	87.31
1	3 501	9.39
2	989	2.65
3	213	0.57
4	26	0.07
5	5	0.01

4.2.3　家庭金融资产选择的异质性

不管是我国城乡之间还是地区之间，家庭金融资产选择的差异都非常明显，具有显著的异质性特征。这种异质性主要体现在两个方面：一是金融资产规模的差异。从城乡差异来看，城镇家庭金融资产规模中位数和均值分别为 17 200 元和 116 659.9 元，农村家庭对应的数据分别为 2 000 元和 20 679.77 元，城镇家庭金融资产规模中位数是农村家庭的 8.6 倍，均值是农村家庭的 5.64 倍。因而，城乡家庭不管是中位数还是均值，两者之间呈现出巨大的差距。从地区差距来看，东部地区家庭金融资产中位数和均值分别为 15 000 元和 124 614 元，中、西部家庭金融资产中位数分别为 5 000 和 5 500 元，均值分别为 48 866.12 和 48 619.44 元，东部地区金融资产中位数和均值是中、西部家庭的 2.5 倍至 3 倍，有显著的地区差距。

二是金融资产配置比例的差异。从表 4.19 和表 4.20 可以看出，城镇家庭配置更多的风险性金融资产，而农村家庭配置更多的储蓄性金融资产。分地区来看，东部地区家庭配置更多的风险性金融资产，而中、西部家庭配置更多的储蓄性金融资产。

4.3　城乡家庭金融资产选择的问题

经过 40 多年的改革开放，我国大量城乡家庭在具备一定财富的基础上进行金融资产配置，30 多年的金融市场发展，也为家庭进行金融资产选择创造了良好的环境。从总量来看，我国金融资产规模位居世界前列，但通过对我国城乡家庭金融资产选择现状和特征的分析可以发现，家庭金融资产选择仍存在一些问题。

4.3.1 金融资产配置比例较低

在我国家庭资产结构中，房产类固定资产配置比例最高，而金融资产的配置比例较低。根据 CHFS 调查 2015 年数据，在城镇地区，房产占总资产的比例高达 73%，房产价值占家庭净资产的比例为 87%；农村地区家庭的该比例略低，但房产在总资产中的比例也高达 60%。与此相对应，金融资产在家庭总资产中的占比仅为 11.08%，远低于美国 42.6% 的比例。家庭房产配置占比过高，一方面导致我国房地产市场存在严重的泡沫，另一方面对家庭金融资产选择和消费也产生了显著的挤出效应。

房产兼具投资和居住的双重属性，特别是我国房地产市场发展的时间较短，房产多年的上涨行情形成了稳定的财富效应预期，吸引大量家庭将资源配置在房产上，减少了可用于金融资产投资的资源，表现为挤出效应。同时，大量家庭通过按揭贷款购买房产后，每月需向银行还本付息，这种挤出效应在整个贷款期间是长期存在的。

4.3.2 家庭金融资产分布不均

自从中华人民共和国成立以来，我国家庭大体上经过两次变更，一次是中华人民共和国成立至改革开放前，以户籍为基础，将家庭人为划分为农村和城镇家庭，这一划分依据一直延续至今，很多目前的政策仍然以家庭的户籍特征来进行城乡区别对待。在这个阶段，城乡家庭虽然身份不同，但城乡家庭的收入低、差距小，家庭的同质化特征明显。另一次是改革开放后，随着家庭收入的增长和收入差距的扩大，家庭以收入为基础进行自然分化，逐步产生了一批先富起来的人，中产阶级规模稳定增长，但也存在大量中低收入群体，与西方国家类似的橄榄型社会结构特征还没有形成。收入增长使家庭需求多元化，家庭逐渐向异质化方面发展。

城乡家庭收入差距的扩大，提高了家庭财富的集中度，表现为金融资产选择分布不均。整体来看，我国城乡家庭金融资产分布不均主要体现在两个方面：一是家庭金融资产配置的城乡分布不均。作为一个典型的发展中国家，我国具有明显的城乡二元特征，反映在家庭金融资产选择上就是金融资产数量和结构具有城乡差异，大量金融资产由城镇家庭控制，农村家庭金融资产持有规模较小。二是在城镇和农村家庭内部，金融资产也主要集中在少数高净值财富家庭，大量中低收入家庭持有金融资产的数量较少。

4.3.3　金融资产风险化程度低

在金融资产中，我国城乡家庭更偏好储蓄性金融资产，如现金、银行存款等这类无风险资产，或低风险性金融资产，如银行理财类产品等。根据经典的资产组合理论，家庭都会配置一部分风险性金融资产，然而，我国城乡家庭金融资产配置存在明显的风险化程度不足，主要体现在三个方面：

一是股票市场存在"有限参与"现象。股票作为国内外金融市场最为典型的风险性金融资产，具有高风险和高收益的特点，特别是上市公司股票，在证券交易所进行公开交易，流动性较强。购买部分优质上市公司的股票，家庭既可获得稳定的股票分红，也可获得股票价值增长带来的资本利得。然而，通过上述现状分析可以发现，我国大量的城乡家庭根本就不参与股票市场。

二是股票类风险性金融资产配置比例较低。即使家庭参与了股票市场，股票类风险性金融资产配置比例仍然较低，不管是家庭直接持股还是间接持股规模，都低于理论上的最优水平。我国家庭参与股票投资博取短期收益的迹象明显，家庭股票资产的配置比例与我国股票市场行情高度相关。当股票市场行情处于牛市时，股票的赚钱效应通过社会互动等渠道，吸引家庭投入大量资金进入股市，试图获得短期超额收入；相反，当股市处于熊市行情时，家庭平仓离场，减少了股票资产的配置规模。

三是保险类风险管理资产配置不足。保险是家庭管理风险的一种重要金融工具，理论上，我国广大的城乡家庭面临社会保障制度不健全，家庭的教育、医疗、养老等支出不确定性较大的问题，更需要通过保险来进行风险管理。但实际上，保险在我国城乡家庭配置中的比例并不高，特别是重疾、意外、寿险等纯保险产品的配置比例更低，家庭持有保险产品有较大一部分是投资分红险。相对而言，投资分红险的保障程度并不高，在家庭风险管理中的作用相对有限。

4.4 城乡家庭金融资产选择问题的成因

从以上分析我们可以看出，我国家庭金融资产呈现出明显的储蓄性、单一性和异质性特征，家庭金融资产选择也存在一些问题。主要的原因是我国市场经济制度建立时间短，金融市场和家庭缺乏长时间市场化的充分发育，家庭金融资产选择行为带有较强的制度变迁痕迹。因而，家庭金融资产选择既与经济增长和金融市场发展相关，也与微观家庭经济金融约束相关。

家庭金融的发展是社会经济大背景下的必然结果。目前，我国经济增长模式和家庭收入结构正经历变革。从宏观经济增长模式来看，传统上过度依赖投资和出口拉动经济增长的方式，在疫情冲击和逆全球化趋势下受到制约，地方政府债务水平高企对投资拉动也形成瓶颈，如何激励国内家庭需求对经济增长的拉动作用，转变经济增长方式，是当前经济发展模式变革的方向。从家庭收入结构来看，多元化的收入结构正在形成并影响家庭的消费储蓄行为。正是在这种宏观和微观的双重变革过程中，家庭金融资产选择才形成了以上特征。具体来看，我国城乡家庭金融资产选择呈现出的储蓄化、单一化和异质性特征，主要受以下几个方面的影响：

4.4.1 城乡家庭收入差距扩大

自从改革开放以来，城镇放权让利、农村土地承包责任制和户籍制度放松，促进了我国宏观经济的快速增长，在这个过程中，国民收入分配格局逐渐向家庭倾斜，有利于家庭收入的持续增长和财富的积累，为家庭参与金融市场提供了经济基础。2019 年，我国 GDP 总量达到 990 865 亿元；家庭人均可支配收入 30 773 元，较 2018 年增长 8.9%，人均可支配收入的中位数为 26 253 元，较 2018 年增长 9.0%，家庭参与国民收入初次分配的比例稳定在 60% 左右。因而，宏观经济的增长为家庭收入增长提供了经济环境，家庭收入和财富积累的增加为家庭金融资产总量的增长提供了最根本的经济支撑。但是，我们也应该看到，在家庭收入增长的同时收入差距也在扩大。分城乡来看，2019 年，我国城镇家庭可支配收入 42 359 元，较1980 年的 478 元增长了 88 倍；2019 年农村家庭人均可支配收入 16 021 元，较 1980 年的 191 元增长了 84 倍。虽然城乡之间家庭可支配收入增长的倍数接近，但城乡收入的绝对数量差距越拉越大，这种现象在地区不同群体也存在。收入差距的扩大，导致家庭金融资产选择的异质性。

4.4.2　预防性储蓄需求上升

我国过去的社会保障制度不健全，社会保障覆盖面和保障水平存在明显的城乡差异和群体差异。进入 21 世纪以来，我国对社会保障制度进行了较全面的改革，目前医疗保险的覆盖面和保障程度均得到显著提升。但社会保障体系在一定程度上呈现出广覆盖、低水平的特征，社会保障水平存在不充分、不平衡的问题，城乡差异和群体差异仍较大。养老、医疗、教育和住房等制度的不完善导致家庭面对的未来不确定性较高，推高了家庭的预防性储蓄动机。社会保障是影响居民储蓄的一个重要因素，家庭会结合自己所享受到的社会福利进行储蓄和消费的理性平衡。家庭储蓄的一个主要目的，是为了应对这些不确定性而进行自我保险，社会保障通过降低家庭面对的未来不确定性，在一定程度上能够降低家庭的预防性储蓄需求。

4.4.3　目标性储蓄广泛存在

目标性储蓄是指家庭为了实现未来特定的消费目标而进行的主动储蓄行为，比如未来购房、子女教育、子女婚姻等。目标性储蓄与预防性储蓄的不同之处在于前者有既定的目标和预期，而后者主要是应对未来的不确定性。目标性储蓄主要受信贷市场流动性约束影响，如果金融市场能够进行自由借贷，家庭就可以通过借贷实现提前消费，目标性储蓄需求就会降低。在住房市场化改革背景下，我国二元经济结构下城乡家庭收入差距和城乡内部群体收入差距均较大，对于大部分家庭来说，购置房产是家庭最大的目标性储蓄动机。特别是我国房产经过近 20 年的高速增长，房产价格与大部分家庭收入并不匹配，为了实现购房目标，家庭往往需要经过多年的储蓄。

4.4.4　微观家庭金融素养不足

一般人常常将"金融素养"和"金融知识""金融能力"等混同。美国金融素养咨询委员会（The US President's Advisory Council on Financial Literacy，PACFL）将金融素养定义为：居民为其一生的金融福祉而有效管理金融资源的知识和能力。该定义既强调了金融知识也强调了金融能力，区分了金融知识和金融能力。风险性金融资产选择对家庭金融知识要求较高，特别是一些复杂的金融工具，其产品结构和交易规则很复杂，需要专业的金融知识予以支撑，存在较高的知识进入壁垒。当前，我国家庭金融素养并不高，大部分家庭对风险性金融资产不了解，阻碍了家庭配置这些产品。为了规避这种金融素养不足带来的投资风险，家庭更偏好储蓄性金融资产。此外，金融素养的高低对家庭信贷成本具有显著的影响，金融素养高的家庭更容易获得正规金融机构较低成本的融资，信贷约束更少，更容易通过金融市场来平滑家庭收入和支出。

4.4.5 金融市场机制不完善

改革开放后我国从计划经济向市场经济转变，逐步建立商业银行体系，直到20世纪90年代初建立以股票和期货为代表的风险性金融市场。因而，相较于欧美等金融市场体系健全的国家来说，我国金融市场建立时间短，市场机制和体系仍存在诸多问题，导致以股票为主的风险性金融市场长期宽幅振荡，风险性金融资产投资没有形成财富保值增值的示范效应。风险性金融市场的大起大落，使得家庭参与风险性金融市场的投机动机较强，试图通过短期投资获得高收益，缺乏长期价值投资的理念和坚持。

5 城乡家庭金融资产选择资金来源及资金来源的异质性

在前文，我们对城乡家庭金融资产选择理论进行了梳理，总结了现有研究理论，分析了我国城乡家庭金融资产配置的现状及特征，并在此基础上构建了本书的研究框架和研究目标。接下来的三章，将围绕家庭金融资产选择的资金来源、风险性金融资产选择以及金融资产选择财富效应分别进行实证研究，全方面分析城乡家庭金融资产选择及财富效应的异质性，为城乡金融发展和金融改革提供政策依据。具体到本章，储蓄作为家庭收入和消费的差额，是城乡家庭金融资产选择的主要资金来源，因而，我们从家庭面临的信贷约束这一视角，对家庭金融资产选择资金来源及其异质性进行分析，目的是探讨在我国家庭信贷约束普遍存在的现实背景下，信贷约束对家庭金融资产选择资金来源的影响，从而为家庭进行金融资产选择，促进家庭消费，实现经济内循环提供政策参考。

5.1 模型构建与定性分析

储蓄是家庭进行金融资产选择的资金来源。储蓄作为家庭消费后的节余，转化为金融资产过程的本质就是家庭金融资产选择过程。另外从广义的储蓄定义来看，银行存款、股票、基金等类型金融资产，均具有储蓄功能，金融资产是家庭储蓄的主要载体，家庭所有的金融资产选择同样可以视同为一种储蓄行为。理论上，我们把家庭收入减去支出的余额理解为家庭储蓄额，储蓄额在家庭收入中的占比为储蓄率。整体来看，家庭储蓄额和储蓄率越高，家庭金融资产配置规模也就越大，资产组合多元化程度也越高。

家庭储蓄主要通过储蓄额和储蓄率两个指标来反映，其中储蓄额是家庭储蓄金额的多少，是家庭储蓄的绝对数量，储蓄率是储蓄额在家庭收入中的比例，是家庭储蓄的相对比率。我国作为典型的发展中国家，城乡之间和城乡内部存在收入差距较大的现实，金融深化发展不均衡特征明显，因而，家庭储蓄额在反映家庭金融资产选择资金来源上有一定的局限性；而储蓄率反映的是储蓄额在家庭收入中的相对比例，在家庭收入差距较大的现实背景下，储蓄率能更客观地反映广大城乡家庭金融资产选择资金来源。

因而，为更客观地研究家庭金融资产选择，我们在本书中将家庭储蓄率作为家庭金融资产选择资金来源的表现形式进行研究。但影响家庭储蓄率的因素很多，如家庭收入、风险偏好、金融发展等，信贷约束是其中一个重要的影响因素。我国金融发展不足，金融信贷配给较严重，大量的信贷资源通过对公贷款流向企业。对于微观家庭而言，除了住房按揭贷款外，家庭很难从正规金融机构获得信贷支持，因而，信贷约束是我国城乡家庭普遍存在的问题。Zelds实证发现，没有信贷约束的家庭比有信贷约束的家庭消费更多的金融资产，且家庭金融资产选择更加多样化。

信贷约束在各国都是普遍存在的问题，特别是大量发展中国家存在金融抑制，正规金融市场存在明显的利率管制和道德风险，导致金融供给不足；民间金融市场利率和交易成本高，抑制了家庭的金融需求。研究表明，日本有16%的家庭存在信贷约束，美国有20%的家庭存在信贷约束。我国城乡家庭信贷约束的比例更高，特别是农村家庭。在1997年农村金融体制改革后，由于农村家庭居住分散，金融机构传统物理网点服务半径较小，以国有银行为主的正规金融机构在农村地区的退出，产生了严重的信贷配给，减少了金融供给，提高了信贷约束。同时，农村包括房产、宅基地、承包的土地等均存在抵押的制度障碍。抵押和担保仍是农户获得正规信贷的主要方式且获得性仍很低，农户获得信贷支持的主要方式仍是非正规金融（何广文 等，2018）。农户通过加入合作社得到社团型社会资本，能够缓解信贷约束（周月书 等，2019），农户加入合作社的本质就是无担保前提下的一种增信机制。城镇家庭虽然在住房、信用卡等方面获得信贷支持的可能性大，但对于微观家庭来说，除了上述住房抵押贷款、信用卡等成熟产品外,广大的城镇家庭也很难从金融机构获得信贷支持,也存在很严重的信贷约束问题。

信贷约束对家庭储蓄和金融资产选择行为都有显著的影响,主要表现在以下方面:首先,信贷约束影响家庭的跨期资产配置。在 Modigliani 和 Friedman 的储蓄理论中,均认为家庭可以通过无障碍的市场化借贷进行资产跨期配置,从而平滑家庭生命周期的消费需求。但家庭资产跨期配置的实现,前提是能够通过市场进行自由借贷,即家庭不存在信贷约束。其次,信贷约束增加家庭的风险厌恶,降低了风险性金融资产持有,改变了家庭的储蓄结构。面临信贷约束的家庭风险承受能力较低,更愿意持有风险低的金融资产,降低了家庭风险性金融资产的需求。最后,信贷约束影响家庭收入。家庭信贷约束的存在导致从金融机构获得信贷支持的可能性减小,对于从事农业和工商业生产经营的家庭来说,限制了生产规模的扩大和生产工艺的升级,阻碍了家庭经营性收入和财产性收入增长渠道。

从储蓄率来看,我国社会总储蓄率持续增长并在 2010 年达到 51.33% 的历史高位,近十年虽保持下降趋势但至 2019 年仍高达 44.60%。从图 5.1 中国、美国、日本和印度四个国家储蓄率比较来看,我国储蓄率远高于欧美发达国家和同等收入水平的发展中国家。居高不下的储蓄率以及由此导致的消费不足问题,也长期困扰着我国的理论研究者和政策制定者。高储蓄率与我国的储蓄文化、购房压力、子女教育和养老就医以及由此带来的不确定性高度相关,还有一个重要原因是我国城乡家庭面临严重的信贷约束,使家庭失去了通过金融市场进行资产跨期配置和平滑消费的能力。根据家庭生命周期理论,在家庭各个不同的生命周期阶段,收入与消费支出常常是错配的,两者相等只是偶然的,因而,家庭需要通过平滑各期收入和消费实现效用最大化。但是,家庭能够在生命周期顺利进行平滑的前提,是家庭有资金需求时能够通过金融市场获得信贷支持。

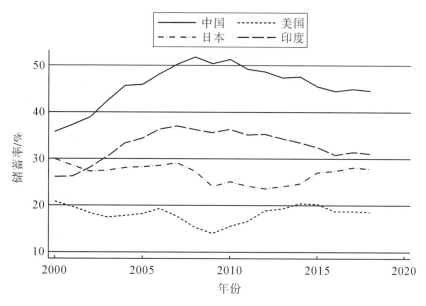

图 5.1　中国、美国、日本、印度储蓄率比较

资料来源：原始数据来源于各国公开数据，笔者根据原始数据整理绘制。

整体来看，在当前的国内外经济形势下，需要设法缓解这些家庭面临的信贷约束，将家庭储蓄转化为有效的社会投资和消费需求，充分释放家庭的投资和消费潜力，真正发挥家庭投资和消费对经济内循环的支撑作用。

综上所述，储蓄作为家庭金融资产选择的资金来源，基于我国家庭收入差距较大的现实背景，储蓄额在反映家庭储蓄行为上有一定的局限性，储蓄率更能客观地反映广大家庭储蓄行为，在本章中将家庭储蓄率作为家庭金融资产选择资金来源的表现形式进行研究。同时，影响家庭储蓄率和金融资产选择的因素极多，我国金融深化不足导致城乡家庭信贷约束的普遍存在，严重影响了家庭金融资产选择行为。因而，我们从家庭面临的信贷约束这一视角，研究信贷约束对城乡家庭金融资产选择资金来源及其异质性。

5.1.1　研究假说与模型构建

5.1.1.1　研究假说

关于家庭金融资产选择的资本资产定价模型（CAPM）和资产组合理

论、生命周期理论等，均假设家庭可以通过市场自由地获得资金供给，从而达到优化资产组合和平滑生命周期的目的。然而，在家庭生命周期中，资金的供给平衡是一种偶然状态，资金供求不均衡才是常态，家庭的消费需求往往和拥有的资源在时间上是错配的。由于信贷不对称和交易成本等因素，信贷约束的存在一方面导致家庭不能通过市场获得（或足额获得）资金支持，家庭金融资产组合和平滑消费的目的难以达到；另一方面也增加了家庭未来的不确定性，改变了家庭的风险偏好，从而影响了家庭的消费和储蓄行为。

整体来看，在普通家庭中，资金往往是一种储蓄性的金融资产，而在参与农业和工商业经营的家庭中，资金往往作为一种生产要素参与生产经营，且与劳动力等其他要素具有一定的比例关系，并通过商品流动实现增值。同时，资金作为要素投入，在生产经营各环节，如材料采购、人员工资等费用的结算上具有较强的时效性。当参与生产经营的家庭面临信贷约束时，更倾向于降低家庭储蓄来解决资金需求，从而保证生产经营活动的继续，因而这些家庭的资源配置决策与普通家庭相比有一定的异质性。同时，存在信贷约束的家庭，虽然会增加储蓄和抑制消费、降低心理预期，但往往这些家庭会面临收入更低、收入风险更高、支出在收入中的占比更高的情况，导致家庭可用的储蓄资源较少，储蓄率更低。因此，本书提出假说 5.1：信贷约束会降低城乡家庭储蓄率。

信贷约束是国内外家庭普遍存在的问题，其中值得注意的是，需求型信贷约束和供给型信贷约束产生的根源和对家庭储蓄率的影响有显著差异。在金融市场发展不完善、金融素养低的地区，需求型信贷约束更普遍。马涵和胡日东（2016）发现，农户受到的需求信贷约束比供给信贷约束更严重。另外，从家庭农业和工商业发展阶段的特征和融资来源看，初期资金需求较小但投资风险较高，因而融资来源主要是家庭内部资金积累，与金融机构的业务合作较少，家庭更倾向于使用储蓄资源来发展家庭产业。因而，家庭主动放弃申请借款产生的需求型信贷约束降低了家庭储蓄率。当发展到一定阶段后，随着经营模式的成熟和销售收入的稳定，家庭要扩大生产规模，更有可能向金融机构申请借款。特别是家庭农业和工商业经营规模的扩大，需要多种生产要素的同步增加，但资金要素缺乏导致的信贷约束是制约规模扩大的主要原因。供给型信贷约束的存在使家庭更倾向于维持现有生产规模，避免盲目扩大生产对家庭储蓄的占用。根据以上分析，我们提出假说 5.2：需求型信贷约束对储蓄率的负向影响大于供给型信贷约束。

综上所述，当家庭生产经营活动面临信贷约束时，通过降低储蓄率来维持或扩大生产经营，导致家庭的储蓄率下降。需求型信贷约束对储蓄率的负向影响更大。

5.1.1.2　模型构建

本书使用的数据来自中国家庭金融调查与研究中心 2015 年在全国范围内开展的调查，该调查采用 PPS 抽样方式。样本涉及全国 29 个省（区、市）2 585 个县，样本家庭 37 289 户，家庭成员 133 183 人，其中城镇家庭 25 635 户，农村家庭 11 654 户。根据本书的研究目的，我们利用下面这个实证模型来检验信贷约束对储蓄率的影响：

$$Saving\_rate_i = \alpha + \beta \times Constraint_i + \gamma_k \sum Control_i + \varepsilon_i \qquad (5.1)$$

公式（5.1）中，$u \sim N (0, \sigma^2)$，其中 saving_rate$_i$ 代表家庭储蓄率，constraint$_i$ 代表家庭是否面临信贷约束，该变量是二值虚拟变量，其中有信贷约束取值为 1，无信贷约束取值为 0；control$_i$ 是控制变量，包含了家庭的一系列控制特征，如收入、年龄、受教育程度等；ε_i 是误差项。如果信贷约束的回归系统 β 符号为负，则说明信贷约束对家庭储蓄率有负向影响，回归系数越大则影响越大；如果回归系数在统计上是显著的，则说明即便在控制了家庭其他特征后，信贷约束对家庭储蓄率的影响也是显著的。

5.1.2　数据来源与变量选择

5.1.2.1　数据来源

西南财经大学在 2009 年启动中国调查项目，于 2010 年成立了中国家庭金融调查与研究中心，并在全国范围内开展抽样调查项目——中国家庭金融调查（China Household Finance Survey，CHFS）。CHFS 每两年进行一次全国性入户追踪调查，调查的主要内容包括：家庭的固定资产（如房产、汽车、土地等）、金融资产（如现金、储蓄、股票、基金）、金融负债、家庭收入、社会保障、人口特征等，目前已完成多轮调查，具有较大的社会影响。中国家庭金融调查抽样设计包括两个方案：整体抽样方案和末端抽样方案。总体而言，中国家庭金融调查的整体抽样方案采用分层、三阶段、与人口规模成比例（PPS）的抽样设计方法。第一阶段抽样在全国范围内抽取市/县；第二阶段抽样从市/县中抽取居委会/村委会；第三阶段抽样在居委会/村委会中抽取住户。每个阶段的抽样都采用 PPS 抽样方法，其权重为该抽样单位的人口数（或户数）。

中国家庭金融调查较为全面地调查了城乡家庭金融资产选择情况，具有较强的代表性，因而大量学者使用该调查数据进行了很多家庭金融实证研究，大量研究成果在国内外期刊发表，为理解中国家庭金融资产选择行为做出了贡献。

与 2015 年调查相比，CHFS2017 年对调查问卷进行调整，对城乡信贷情况调整较大，删除了关于家庭信贷约束的部分问题。因而，基于数据可得性，本章我们使用 CHFS2015 年数据进行实证：①CHFS2017 年只询问了农业负债情况（agridebt），未对农业贷款进行更深入询问，因而不能识别农业经营是否存在信贷约束；②虽然 CHFS2017 年较详细地询问了工商业贷款情况，但删除了问题 B3002："是否因农业和工商业有贷款需要，其中选项 2 需要申请被拒绝，选项 3 需要但没有申请"，该问题是本书需求型和供给型信贷约束的主要依据，因而 2017 年数据缺乏导致不能区分需求型信贷约束和供给型信贷约束；③CHFS2017 年删除了问题 B3020："贷款是否满足生产经营需要"，该问题是本书部分信贷约束的主要依据，因而，部分信贷约束不能区分识别。因 CHFS2017 年对问卷进行调整，CHFS2015 能更好地识别和度量本章的核心变量信贷约束、需求型信贷约束、供给型信贷约束、部分信贷约束，因而本章我们使用 2015 年数据进行实证分析。

5.1.2.2　变量选择

本书根据研究问题对样本及变量进行了整理，整理标准包括以下几条：

第一，我们认为，在家庭的劳动分工中，家庭风险性金融资产选择是由家庭财务决策人决定的，因而我们采用最了解家庭财务信息成员的个体特征代表家庭的某些特征进行实证分析，如年龄、受教育程度、金融知识等。

第二，控制变量的选择。我们从大量现有文献中尽量多地筛选出控制变量，模型构建经历从大到小的回归，逐项剔除统计不显著的变量，最后留下主要解释变量作为控制变量。这样做，既保证了变量能够最大限度地解释回归结果，又避免出现重要遗漏变量。

第三，将 37 289 户家庭根据家庭城乡特征进行分类和比较，其中城镇家庭 25 635 户，农村家庭 11 654 户。家庭的城镇特征，以 CHFS 访员入户调查时家庭的居住地址为依据，根据国家统计局《统计用城乡划分代码》标准进行城乡特征标识，并对主要经济活动不在此居住地和居住未达 6 个月的样本进行更换，保证家庭主要经济活动与城乡特征的一致性。

5.1.3 变量设定与描述性统计

5.1.3.1 变量设定

（1）被解释变量。本书的被解释变量为家庭的储蓄率（saving_ratei）。家庭储蓄率的高低主要取决于家庭收入和消费支出，其中家庭总收入包括工资性收入、转移性收入、财产性收入和经营性收入，支出包含了食品、交通、医疗、教育等15类消费支出①。为了增加实证结果的稳健性和可靠性，我们参考已有的文献对储蓄率进行三种定义。储蓄率1公式如下：

$$储蓄率1＝（总收入－消费支出）/总收入 \qquad (5.2)$$

马光荣和周广肃（2014）认为："由于教育支出与家庭是否有孩子处于上学阶段有直接关联，而大额的医疗支出则有较大的突发性，因此教育和医疗支出与家庭成员的年龄和健康状况有很大关系，且具有很强的支出刚性。"我们借鉴该做法，将教育培训支出和医疗保健支出从家庭消费支出中减去，作为常规性消费支出，得到储蓄率2的公式。

$$储蓄率2＝\{总收入－[消费支出－（医疗支出＋教育支出）]\}/总收入$$

$$(5.3)$$

在稳健性检验部分，为了尽可能避免极端值对结果的影响，我们参考Chamon和Prasad（2010）的做法，对城乡家庭的收入和支出同时取对数，得到储蓄率3的公式。

$$储蓄率3＝\ln（家庭收入）－\ln（家庭支出） \qquad (5.4)$$

在实证中，核心实证采用储蓄率1和储蓄率2，储蓄率3作为稳健性检验。此外，在我们对储蓄率的处理过程中，为了避免异常值和极端值的影响，参照尹志超和张诚（2019）、李雪松和黄彦彦（2015）的做法，将家庭年收入小于0的样本剔除，同时将家庭有效储蓄率区间设定为－150%至100%。

（2）解释变量。本书的核心解释变量为家庭是否受到信贷约束（constraint）。实证研究面临的最大困难就是信贷约束的度量问题。我们认为，家庭存在信贷约束的前提是有信贷需求，没有信贷需求的家庭不存在信贷

---

① 中国家庭金融调查的15类子消费支出：第一类，食品支出（包含伙食费支出及消费农产品折现）；第二类，水电燃料及物管费支出；第三类，日常用品支出；第四类，家政服务支出；第五类，交通费用开支；第六类，通信费用支出；第七类，文化娱乐支出；第八类，家庭成员购买衣物支出；第九类，住房装修、维修或扩建费用；第十类，暖气费支出；第十一类，家庭耐用品支出；第十二类，奢侈品支出；第十三类，教育培训支出；第十四类，旅游支出；第十五类，医疗保健支出。

约束问题。因而，本书将信贷约束定义为家庭有信贷需求，但没有获得或足额获得信贷资金支持。参考周月书等（2019）的定义，根据信贷约束的来源将信贷约束细分为需求型信贷约束和供给型信贷约束，其中需求型信贷约束源于家庭自身原因，典型的表现是家庭有信贷需求，但基于信贷知识缺乏导致的认识偏差，或出于对信贷交易成本等的考虑，主动放弃向金融机构申请信贷。而供给型信贷约束是家庭向金融机构进行信贷申请后，出于对道德风险、逆向选择或信贷配给的考虑，金融机构拒绝发放或部分发放信贷。

CHFS 调查涉及农业和工商业信贷约束的问卷有 7 个项目，分别为农业生产经营面临的银行贷款、民间借款；工商业生产经营面临的银行贷款、民间借款；小额信用贷款、民间借款、农村土地经营权贷款等，我们对这 7 种形式的贷款进行整理合并，并按图 5.2 所示思路对信贷约束进行甄别。问卷首先询问了是否有上述项目的未结清贷款；对于有未结清贷款的，继续询问了是否满足了生产需要；完全满足生产需要则不存在信贷约束，未完全满足生产需要则存在部分信贷约束。

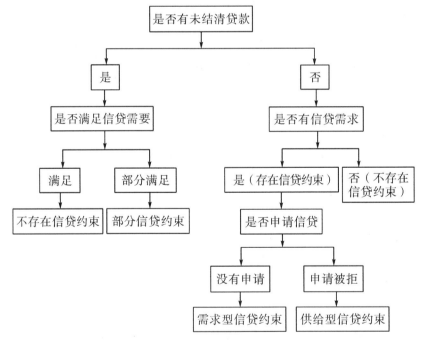

图 5.2　城乡家庭信贷约束甄别思路

资料来源：笔者自行整理得出。

对于家庭没有未结清贷款的，首先，继续询问了是否有贷款需求，因为信贷约束是家庭有信贷需求但没有获得信贷支持的现象。根据 2015 年 CHFS 的调查，我们借鉴 Jappelli et al.（1998）的思路采用直接度量方式，家庭无贷款需求则家庭不存在信贷约束，没有未结清贷款但有贷款需求的家庭，视为存在信贷约束（constraint）。其次，对于有信贷约束的家庭，继续询问了是否申请了贷款。我们将"需要但没有申请"和"申请被拒绝"分别界定为需求型信贷约束和供给型信贷约束。该变量为二值虚拟变量，取值为 1 表示家庭存在信贷约束，反之取值为 0。我们通过家庭参与农业和工商业的生产经营面临的贷款障碍作为信贷约束的标准进行直接度量。此外，在实证部分，我们分别使用需求型信贷约束（dem_cons）和供给型信贷约束（sup_cons）进行分析；在稳健性检验部分，我们分别使用信贷满足程度（sat_cons）和信用卡信贷约束（credit_cons）进行检验。

（3）控制变量。参考已有文献，考虑到家庭储蓄率的影响因素，我们选取了如下控制变量：①家庭规模（hhsize），即家庭的人口数量，样本均值和中位数分别为 3.57 人和 3 人，显示大部分的家庭为三人家庭，但农村和城镇家庭样本均值分别为 4.12 人和 3.32 人，验证城镇家庭规模小于农村。②婚姻状况（marriage）[①]，该变量为二值虚拟变量，均值为 0.85，即 85% 为已婚家庭。③家庭年收入（ln income），家庭年收入取对数。④是否拥有自有住房（house），该变量为二值虚拟变量，拥有自有住房的家庭取值为 1，无住房（包括免费居住或租赁）取值为 0，样本均值为 0.85，即 85% 的家庭均拥有自有住房。⑤是否有住房贷款（house_loan），该变量为二值虚拟变量，包含银行贷款和民间贷款，有贷款的家庭取值为 1，无贷款的家庭取值为 0，样本均值为 0.16。⑥性别（gender），男性取值为 1，共 20 320 人，女性取值为 0，共 16 969 人，均值为 0.54。⑦年龄（age），家庭财务决策者的年龄，全样本均值为 52.18 岁，中位数为 52 岁。⑧就业（employ），该变量为二值虚拟变量，有工作（包含务农）取值为 1，没有工作取值为 0，全样本均值为 0.61。⑨受教育程度（education），虚拟变量，将文化程度从未上过学到博士研究生，分别取值 1~9，全样本均值为 3.41，中位数为 3，平均文化程度为初中至高中。⑩是否从事农业经营

---

① 原调查问卷有 6 个选项，分别为未婚、已婚、同居、分居、离婚、丧偶，分别取值 1~6。本书对数据进行合并，将已婚和同居的家庭取值为 1，共 31 773 户，未婚、分居、离异和丧偶取值为 0，共 5 463 户。

（agriculture），从事农业经营取值为1，未从事农业经营取值为0，均值为0.32。⑪社会互动（interaction）①，该变量为二值虚拟变量，有社会互动取值为1，无取值为0。⑫风险性金融资产（riskfina），该变量为二值虚拟变量，有取值为1，无取值为0。⑬人均GDP（gdp_perca），家庭所在省份的人均GDP水平，为保证数据平稳性，以万元为单位。

5.1.3.2 描述性统计

为了对家庭储蓄率、信贷约束及相关控制变量有一个直观的认识，我们在表5.1中详细列出了相关变量的描述性统计。从描述性统计结果可以看出，我国家庭储蓄率中位数和均值差异较大，显示家庭储蓄率存在分布不均的情况。以储蓄率1来看，储蓄率均值为18.00%，中位数为31.83%；在剔除教育支出和医疗支出的因素后，储蓄率2的均值和中位数上升至29.17%和43.13%，表明教育支出和医疗支出显著提升了家庭储蓄率。

我们再来看关于信贷约束的描述性统计结果。表5.1显示，有11.43%的家庭面临信贷约束，表明家庭农业和工商业生产经营面临信贷约束的比例较低。进一步将信贷约束细分为需求型和供给型，其中需求型信贷约束的比例为9.86%，供给型信贷约束的比例为2.28%，数据表明，需求型信贷约束是家庭面临的主要信贷约束。更进一步，在获得信贷支持的家庭中，也仅有48.73%的家庭信贷额度满足家庭生产经营，还有51.27%的家庭，即使获得了信贷支持，获得的信贷额度也仅能满足部分生产需求，还存在部分信贷约束问题。值得注意的是，从家庭信贷约束的另一个指标信用卡约束来看，有13.42%的家庭存在信用卡信贷约束，这一比例与家庭整体信贷约束水平接近。但不同类型的信贷约束的中位数均为0，即大部分家庭不存在信贷约束问题。

---

① 考虑到社会互动的支出与收入和地域文化高度相关，本书设计的变量为家庭红白喜事支出占家庭总收入的比例。当有礼金支出而无收入或收入为负数，及红白喜事支出占收入的比例大于样本中位值（4%）时，虚拟变量"社会互动"取值为1，该比例低于中位数时，则取值为0。

表 5.1　变量描述性统计结果

变量名	变量定义	观测值/户	均值	中位数	标准差	最小值	最大值
Saving_rate1	储蓄率 1	29 896	0.180 0	0.318 3	0.541 4	−1.5	1
Saving_rate2	储蓄率 2	31 347	0.291 7	0.431 3	0.508 0	−1.5	1
Saving_rate3	储蓄率 3	32 371	0.312 1	0.309 9	0.833 6	−1.5	5.32
constraint	生产经营产生的信贷约束，是取值 1，否取值 0	20 512	0.114 3	0	0.318 2	0	1
dem_cons	生产经营产生的需求型信贷约束，是取值 1，否取值 0	20 123	0.098 6	0	0.298 1	0	1
sup_cons	生产经营产生的供给型信贷约束，是取值 1，否取值 0	20 325	0.022 8	0	0.149 2	0	1
sat_cons	获得信贷是否满足需求，是取值 1，否取值 0	4 873	0.463 8	0	0.498 7	0	1
credit_cons	信用卡信贷约束，是取 1，否取 0	19 689	0.134 2	0	0.340 9	0	1
hhsize	家庭规模（人）	37 289	3.571 9	3	1.701 8	1	20
marriage	婚姻状况，已婚取 1，未婚取 0	37 236	0.853 3	1	0.353 8	0	1
lnincome	家庭年收入的对数	35 983	10.487 2	10.758 7	1.477 6	0	15.43
house	是否有自有住房，有取 1，无取 0	37 259	0.852 9	1	0.354 2	0	1
house_loan	是否有住房贷款，有取 1，无取 0	33 833	0.089 1	0	0.284 9	0	1
gender	性别，男性取 1，女性取 0	37 289	0.544 9	1	0.498 0	0	1
age	家庭财务决策者年龄（岁）	37 275	52.177 1	52	14.835 3	16	99
employ	就业情况，有工作取 1，无工作取 0	36 846	0.612 1	1	0.487 3	0	1
education	受教育程度，从未上过学到博士研究生，分别取值 1~9	37 243	3.411 8	3	1.719 3	1	9
agriculture	是否有农业经营，是取 1，否取 0	37 288	0.322 6	0	0.467 5	0	1
interaction	是否有社会互动，是取 1，否取 0	28 637	0.408 0	0	0.491 5	0	1
riskfina	是否持有风险性金融资产，是取 1，否取 0	37 289	0.124 7	0	0.330 4	0	1
gdp_perca	人均 GDP（万元）	37 289	5.850 6	5.2	2.241 4	2.66	10.8

资料来源：笔者根据中国家庭金融调查 2015 年和 2017 年数据整理。为节省篇幅，以下数据如无特殊说明，均由笔者根据该调查数据整理。

表 5.2 对家庭有无信贷约束进行分组比较。信贷约束对家庭收入和储蓄率均有显著影响。整体来看，有信贷约束的家庭收入和储蓄率均低于无信贷约束家庭。具体来看，与无信贷约束的家庭相比，有信贷约束的家庭收入中位数和均值显著较低，但家庭支出方面的差异并不明显，表明家庭的支出具有一定的刚性，是否具有信贷约束对家庭支出金额影响并不显著。从储蓄率 1 和储蓄率 2 的中位数和均值来看，有信贷约束家庭的值更低，表明信贷约束在一定程度上降低了家庭的储蓄率，制约了家庭金融资产选择的资金来源。

表 5.2　有无信贷约束的比较

变量	无信贷约束		有信贷约束	
	中位数	均值	中位数	均值
收入/元	42 184.5	80 250.93	31 658	70 160.04
支出/元	34 277.51	52 637.33	34 663.38	54 785.83
储蓄率 1	0.353 3	0.207 7	0.306 9	0.157 7
储蓄率 2	0.469 2	0.316 1	0.416 5	0.261 3

表 5.3 对主要被解释变量和解释变量按城乡样本进行了简单对比。在储蓄率方面，均值和中位数在城乡样本之间没有表现出显著的差异，城乡之间的储蓄率比较接近。在信贷约束方面，城乡样本中位数均为 0，表明大多数城乡家庭不存在信贷约束，这与全样本的结果一致。但从均值来看，农村家庭信贷约束的比例为 15.07%，均显著高于城镇家庭的 8.42%。进一步比较需求型信贷约束和供给型信贷约束，也有农村家庭远大于城镇家庭的证据，同时，城乡家庭都表现出以需求型信贷约束为主的特点。

表 5.3　主要变量的城乡样本比较

变量名	城镇			农村		
	观测值/户	均值	中位数	观测值/户	均值	中位数
Saving_rate1	21 231	0.180 6	0.310 3	8 665	0.178 5	0.339 9
Saving_rate2	21 989	0.286 9	0.417 8	9 358	0.303 0	0.470 8
Saving_rate3	22 662	0.310 0	0.314 0	9 709	0.316 8	0.292 6
constraint	11 235	0.084 2	0	9 277	0.150 7	0

表5.3(续)

变量名	城镇			农村		
	观测值/户	均值	中位数	观测值/户	均值	中位数
dem_cons	10 982	0.074 9	0	9 141	0.127 0	0
sup_cons	11 163	0.013 9	0	9 162	0.033 6	0
sat_cons	2 255	0.491 8	0	2 618	0.439 6	0

5.2 实证结果与分析讨论

本章的主要目的是对信贷约束对城乡家庭金融资产选择资金来源的影响进行实证研究，并对两个研究假说进行实证检验。为了达到这一目的，我们首先在全样本、城镇样本、农村样本中分别采用不同的储蓄率标准进行 OLS 回归。为避免内生性导致的估计偏差，我们分别用家庭所在省份和县市的平均信贷约束率作为工具变量、倾向得分匹配进行估计，并使用样本和变量替代进行稳健性检验，通过分位数回归等进行异质性分析。

5.2.1 基本回归结果

表 5.4 的第（1）列是信贷约束对储蓄率 1 的影响，第（2）列是信贷约束对储蓄率 2 的影响；第（3）列、第（4）列分别以储蓄率 1、储蓄率 2 为被解释变量，将信贷约束进一步细分为需求型和供给型信贷约束在全样本进行 OLS 回归。从回归的数据可以看出，在控制了家庭的其他特征变量后，信贷约束对家庭储蓄率有显著的负面影响，显著水平均为 1%，即与未受信贷约束的家庭相比，存在信贷约束的家庭储蓄率显著更低。

具体来看，第（1）列信贷约束对储蓄率 1 的回归系数为-5.63%，表明信贷约束的存在使家庭平均储蓄率下降 5.63%，且显著水平为 1%，即信贷约束显著降低了家庭的储蓄率。第（2）列信贷约束对储蓄率 2 的回归系数为-4.37%，显著水平为 1%，表明即使不包含教育支出和医疗支出，信贷约束对家庭储蓄率仍有显著的负向影响。因而，储蓄率 1 和储蓄率 2 的回归结果都表明，与不存在信贷约束的家庭相比，信贷约束降低了家庭的储蓄率，验证了我们的研究假说 5.1。

第（3）列和第（4）列进一步将信贷约束细分为需求型和供给型，并分别在全样本对储蓄率1和储蓄率2进行回归，其中需求型信贷约束的回归系数分别为-5.44%和-4.48%，均在1%水平上显著，供给型信贷约束的回归系数分别为-4.69%和-2.10%，但并不显著。因而，从回归结果来看，需求型信贷约束仍然是城乡家庭信贷约束的主要形式，这与研究假说5.2一致。

接下来，我们对控制变量的估计结果进行简单的分析。一是家庭规模显著降低了城乡家庭的储蓄率。这与经济理论一致，即家庭规模越大，则养老、抚养负担越大，在家庭收入一定的前提下，消费支出更高，可用于储蓄的资金更有限，家庭储蓄率更低。二是已婚家庭的储蓄率更低。一方面，结婚后家庭购置房产等大额固定资产支出较大；另一方面，伴随着子女的出生，家庭抚养支出增加，从而降低了储蓄率。三是家庭的收入与储蓄率高度正相关。这与经典的储蓄理论相符，与甘犁等（2018）的研究结论一致。四是住房贷款显著降低了家庭的储蓄率。有住房按揭贷款的家庭每个月均需要从收入中拿出一部分还贷，对家庭储蓄有挤出效应。五是家庭的受教育程度越高，家庭的储蓄率越低。原因是受教育程度越高的家庭，其收入水平和生活稳定性越高，验证了李蕾和吴斌珍（2014）的研究结论。六是社会互动与家庭储蓄率显著负相关。可能的原因是社会互动本身就是家庭的一笔支出，同时社会互动在家庭社会生活中常常发挥着非正式社会保险的功能，一定程度上改变了家庭的风险偏好，从而降低了家庭的储蓄率，支持了王春超和袁伟（2016）的研究结论。

表5.4　信贷约束对家庭储蓄率的影响

变量	(1)储蓄率1	(2)储蓄率2	(3)储蓄率1	(4)储蓄率2
constraint	−0.056 3 *** (−4.02)	−0.043 7 *** (−3.35)	—	—
dem_cons	—	—	−0.054 4 *** (−3.62)	−0.044 8 *** (−3.19)
sup_cons	—	—	−0.046 9 (−1.44)	−0.021 0 (−0.70)
hhsize	−0.043 1 *** (−16.12)	−0.035 3 *** (−14.63)	−0.043 1 *** (−16.03)	−0.035 3 *** (−14.53)
marriage	−0.054 9 *** (−3.83)	−0.034 1 *** (−2.55)	−0.057 7 *** (−3.98)	−0.036 1 *** (−2.66)

表5.4(续)

变量	(1)储蓄率1	(2)储蓄率2	(3)储蓄率1	(4)储蓄率2
lnincome	0.355 0*** (64.62)	0.326 9*** (62.86)	0.355 4*** (64.11)	0.327 4*** (62.43)
house	0.016 8 (1.00)	0.001 1 (0.07)	0.021 9 (1.29)	0.005 1 (0.32)
house_loan	-0.061 0*** (-4.16)	-0.064 1*** (-4.52)	-0.061 8*** (-4.17)	-0.066 2*** (-4.59)
gender	0.006 5 (0.75)	-0.002 8 (-0.34)	0.007 3 (-0.83)	-0.002 4 (-0.29)
age	0.005 4*** (14.43)	0.006 2*** (17.65)	0.005 5*** (14.42)	0.006 3*** (17.55)
employ	0.073 6*** (6.49)	0.057 1*** (5.47)	0.074 3*** (6.48)	0.057 4*** (5.44)
education	-0.025 3*** (-7.65)	-0.026 3*** (-8.61)	-0.025 2*** (-7.52)	-0.025 8*** (-8.38)
agriculture	0.235 1*** (22.54)	0.240 2*** (24.36)	0.236 4*** (22.47)	0.241 3*** (24.24)
interaction	-0.101 1*** (-10.77)	-0.085 6*** (-9.97)	-0.101 9*** (-10.74)	-0.086 0*** (-9.91)
riskfina	-0.099 4*** (-7.42)	-0.095 4*** (-7.68)	-0.098 6*** (-7.25)	-0.096 6*** (-7.62)
gdp_perca	-0.014 9*** (-7.63)	-0.014 4*** (-8.07)	-0.015 1*** (-7.60)	-0.014 6*** (-8.04)
α	-0.438 2*** (-11.96)	-0.332 7*** (-9.70)	-0.445 3*** (-12.04)	-0.338 4*** (-9.76)
N	11 958	12 475	11 743	12 253
F 值	398.15	375.75	367.34	347.47
R^2	0.349 6	0.352 5	0.349 7	0.352 4

注：***、**和*分别代表1%、5%和10%的显著水平。

5.2.2 城乡比较研究

接下来，我们对储蓄率1和储蓄率2分别在城镇样本和农村样本进行OLS回归，研究信贷约束对家庭储蓄率的城乡异质性影响。表5.5给出了回归结果，其中第（1）列和第（2）列是储蓄率1分别在城镇样本和农村样本的回归，第（3）列和第（4）列是储蓄率2分别在城镇样本和农村样本的回归。从回归系数来看,储蓄率 1 在城镇家庭的回归系数为-5.32%,在农村家庭的回归系数为-6.08%,显著水平均为 1%,信贷约束对储蓄率 1 的影响存在农村家庭大于城镇家庭的情况。我们剔除了教育支出和医疗支出的影响,进一步考虑信贷约束对城乡家庭储蓄率 2 的影响,在城镇家庭的回归系数为-4.92%,在农村家庭的回归系数为-4.75%,显著水平均为 1%,显示信贷约束对储蓄率 2 的影响存在城镇家庭略大于农村家庭的情况。因而,整体来看,信贷约束对城乡家庭储蓄率的负面影响有一定的城乡差异。

表 5.5　信贷约束对城乡家庭储蓄率的影响

变量	(1)储蓄率 1 (城镇家庭)	(2)储蓄率 1 (农村家庭)	(1)储蓄率 2 (城镇家庭)	(4)储蓄率 2 (农村家庭)
constraint	-0.053 2 *** (-2.65)	-0.060 8 *** (-3.13)	-0.049 2 *** (-2.59)	-0.047 5 *** (-2.65)
hhsize	-0.037 5 *** (-10.13)	-0.052 6 *** (-13.59)	-0.030 9 *** (-9.14)	-0.042 9 *** (-12.43)
marriage	-0.037 2 ** (-2.16)	-0.082 0 *** (-3.14)	-0.032 7 ** (-2.07)	-0.041 0 * (-1.66)
lnincome	0.339 2 *** (48.14)	0.384 1 *** (44.15)	0.314 9 *** (46.15)	0.350 9 *** (43.59)
house	0.010 0 (0.56)	0.020 8 (0.41)	-0.013 9 (-0.85)	0.011 1 (0.21)
house_loan	-0.057 2 *** (-3.58)	-0.086 0 ** (-2.43)	-0.046 5 *** (-3.03)	-0.129 4 *** (-3.67)
gender	0.009 0 (0.84)	-0.009 7 (-0.65)	0.001 4 (0.14)	-0.019 4 (-1.45)
age	0.004 3 *** (9.11)	0.007 3 *** (11.49)	0.006 0 *** (13.37)	0.006 7 *** (11.44)
employ	0.064 4 *** (4.72)	0.049 3 ** (2.36)	0.059 3 *** (4.58)	0.021 5 (1.18)
education	-0.020 4 *** (-5.32)	-0.024 2 *** (-3.45)	-0.019 6 *** (-5.50)	-0.030 3 *** (-4.81)
agriculture	0.029 9 *** (16.06)	0.179 4 *** (7.35)	0.203 2 *** (16.34)	0.192 5 *** (8.29)

表5.5(续)

变量	(1)储蓄率1（城镇家庭）	(2)储蓄率1（农村家庭）	(1)储蓄率2（城镇家庭）	(4)储蓄率2（农村家庭）
interaction	−0.102 1*** (−8.17)	−0.097 0*** (−6.86)	−0.102 1*** (−8.76)	−0.065 3*** (−5.16)
riskfina	−0.088 5*** (−6.28)	−0.090 0* (−1.69)	−0.086 3*** (−6.67)	−0.140 6*** (−2.64)
gdp_perca	−0.010 9*** (−4.80)	−0.020 7*** (−5.44)	−0.009 7*** (−4.65)	−0.021 6*** (−6.26)
α	−0.430 1*** (−9.90)	−0.385 6*** (−4.91)	−0.370 3*** (−8.95)	−0.203 3*** (−2.64)
N	6 827	5 131	7 046	5 429
F 值	220.45	184.88	207.48	173.44
R^2	0.342 8	0.366 3	0.347 5	0.370 3

注: ***、** 和 * 分别代表1%、5%和10%的显著水平。

从回归结果及上面的分析可以看出，信贷约束对家庭储蓄率的负面影响有一定的异质性，表现为对储蓄率1的影响存在农村家庭大于城镇家庭，但对储蓄率2的影响存在城镇家庭略大于农村家庭。我们认为，产生这一结果的原因是储蓄率2剔除了教育支出和医疗支出的影响。我国城乡家庭存在显著的预防性储蓄预期，我国教育和医疗改革，增大了家庭支出的比例，家庭不得不为应对这种教育支出和医疗支出未来的不确定性而进行额外储蓄。从当前的整体情况来看，城镇家庭的教育和医疗投入远大于农村家庭。通过城乡家庭教育支出和医疗支出分析发现，农村家庭教育支出和医疗支出的平均数分别为2 419.43元和6 417.77元，而城镇家庭教育支出和医疗支出的平均数分别为3 952元和7 468.73元，城镇家庭教育支出和医疗支出分别是农村家庭的1.63倍和1.16倍，特别是教育支出，城镇家庭远高于农村家庭。因而，从整体来看，信贷约束对农村家庭储蓄率的影响大于城镇家庭，但在剔除教育支出和医疗支出后，信贷约束对城镇家庭储蓄率的影响略大于农村家庭。

我们进一步从控制变量角度探讨了城乡家庭储蓄率的差异。

一是家庭规模对储蓄率影响的城乡差异。家庭规模对城镇家庭和农村家庭储蓄率1的回归系数分别为−3.75%和−5.26%，对储蓄率2的回归系数分别为-3.09%和-4.29%，表明家庭规模对家庭储蓄率有负向影响且存在农村家庭大于城镇家庭的情况，显著水平均为1%。原因可能是家庭规模越大则消费支出也越高，从而对家庭储蓄率的负向影响也越大。通过数据分析可以发现，农村家庭样本平均规模为4.12人，城镇家庭样本平均规模为3.32人，农村家庭样本规模显著大于城镇家庭样本，这是导致家庭规模对储蓄率影响存在农村家庭大于城镇家庭的主要原因。

二是婚姻对家庭储蓄率影响的城乡差异。婚姻因素对城镇家庭和农村家庭储蓄率1的回归系数分别为-3.72%和-8.20%，对储蓄率2的回归系数分别为-3.27%和-4.10%，表明婚姻对家庭储蓄率的负向影响存在农村家庭大于城镇家庭的情况，且显著水平均为1%。通过城乡样本的比较，城镇家庭平均已婚率为83.74%，农村家庭平均已婚率为88.83%，农村家庭的已婚率高于城镇家庭5个百分点。从我国城乡家庭婚姻特征来看，农村家庭早婚早育的现象更普遍，城镇家庭晚婚晚育的现象更常见。结婚是家庭成立的标志，意味着家庭生命周期的开始，家庭开始进入生儿育女的成长阶段，住房、汽车、抚养等支出更大。

三是住房贷款对家庭储蓄率影响的城乡差异。住房贷款对城镇家庭和农村家庭储蓄率1的回归系数分别为-5.72%和-8.60%，对城镇家庭和农村家庭储蓄率2的回归系数分别为-4.65%和-12.94%，表明住房贷款对家庭储蓄率的负向影响存在农村家庭大于城镇家庭的情况，且显著水平均为1%。我国住房信贷市场存在城乡二元差异，城镇家庭住房贷款主要是商业银行住房按揭贷款，属于正规金融机构发放的信贷支持。住房按揭贷款是国内外商业银行发展成熟的金融产品，一般具有贷款期限长、利率较低的特点，对家庭储蓄的挤出效应较小。而农村家庭住房由于不能入市交易和设押，因而住房得到正规金融贷款的可能性较小，住房贷款主要来源于民间借款。民间借款主要来源于亲戚朋友的周转拆借和民间融资，后者的成本远高于正规金融机构，具有还款时间短、短期还款压力大的特点，对家庭储蓄的挤出效应更大。

5.2.3　异质性分析

由于微观家庭存在显著的异质性，当家庭面临信贷约束时或信贷约束水平发生变化时，储蓄率的变化在不同家庭可能存在显著的差异。接下来，我们从不同角度分析信贷约束对储蓄影响的异质性，并进一步检验本书估计结果的稳健性。

5.2.3.1 分位数回归

与 OLS 回归相比，分位数回归以残差绝对值的加权平均最小化为目标函数，因而更不容易受极端值的影响，能更全面地在不同分位数据上识别解释变量和被解释变量的关系。通过前面基础回归及稳健性检验，我们发现信贷约束显著降低了家庭的储蓄率，但这种负面影响在不同家庭可能具有异质性。因而，本书考察了家庭信贷约束对储蓄率分布的 0.2 分位点、0.4 分位点、0.6 分位点、0.8 分位点产生的影响。表 5.6 给出了分位数回归结果。数据表明，除储蓄率 2 在 0.2 分位点不显著外，其余各分位点信贷约束对家庭储蓄率均有显著的负向影响。进一步对比发现，随着储蓄率分位点的增大，信贷约束对储蓄率的影响逐渐下降。以储蓄率 1 为例，在0.2 分位点处回归系数是 0.8 分位点的 3.26 倍，表明信贷约束对低储蓄率家庭的影响更大。随着家庭储蓄率的上升，家庭信贷约束的负向影响逐渐降低，且这种下降趋势在统计上也是显著的。储蓄率 2 的分位数回归结果也与储蓄率 1 基本一致。

表 5.6　分位数回归

变量	储蓄率 1				储蓄率 2			
	(1) q20	(2) q40	(3) q60	(4) q80	(5) q20	(6) q40	(7) q60	(8) q80
constraint	−0.078 9 ***	−0.065 1 ***	−0.051 5 ***	−0.024 2 **	−0.043 5	−0.055 9 ***	−0.037 3 ***	−0.018 3 **
	(−2.95)	(−4.20)	(−3.74)	(−1.79)	(−1.59)	(−3.90)	(−5.46)	(−1.96)
控制变量	控制							
N	11 958	11 958	11 958	11 958	12 475	12 475	12 475	12 475
Pseudo R²	0.235 1	0.222 4	0.199 5	0.171 5	0.246 2	0.220 9	0.196 7	0.168 8

注：*** 、** 和 * 分别代表 1%、5% 和 10% 的显著水平。为了节省篇幅，只报告了信贷约束这一解释变量的估计系数，其他变量没有报告。

5.2.3.2 收入因素

经典理论告诉我们，收入是影响家庭储蓄率的核心因素，两者呈正相关关系。从上文基准的 OLS 回归、工具变量 2SLS 回归及稳健性检验均显示，家庭收入对储蓄率有显著的正向影响，与经济理论一致。但甘犁等（2018）发现，不同收入层次的家庭储蓄率表现出显著的不均衡性。同时，经济理论告诉我们，家庭储蓄率除了和家庭总收入有关外，还与家庭人口规模相关，家庭人口规模越大，则家庭的养老赡养和子女抚养负担更大，家庭支出也更高。

因而，为了分析在信贷约束条件下家庭收入异质性对储蓄率的影响，我们以家庭人均收入的均值 2.521 4 万元作为临界值，将家庭收入分为高收入和低收入家庭，分别进行比较。表 5.7 回归结果显示，虽然针对不同的储蓄率，高收入样本和低收入样本的回归系数有一定的差异，但整体来看，信贷约束对不同收入家庭的储蓄率均有显著的负面影响。

表 5.7　高低收入样本比较

变量	(1)	(2)	(3)	(4)
	储蓄率 1（高收入）	储蓄率 1（低收入）	储蓄率 2（高收入）	储蓄率 2（低收入）
constraint	$-0.053\ 9^{**}$	$-0.052\ 7^{***}$	$-0.033\ 7^{*}$	$-0.040\ 1^{**}$
	(-2.52)	(-3.12)	(-1.73)	(-2.55)
控制变量	控制	控制	控制	控制
N	3 687	8 271	3 712	8 763
F 值	82.35	282.06	73.76	305.54
R^2	0.206 2	0.321 3	0.195 0	0.348 1

注：***、** 和 * 分别代表 1%、5% 和 10% 的显著水平。为了节省篇幅，只报告了信贷约束这一解释变量的估计系数，其他变量没有报告。

5.2.3.3　就业情况

我们根据家庭是否就业来看收入、支出和储蓄率情况。表 5.8 的统计结果表明，就业家庭的收入、支出和储蓄均高于未就业家庭，对于储蓄率 1 和储蓄率 2，就业家庭的均值分别是未就业家庭的 1.53 倍和 1.28 倍。一般而言，就业是大部分家庭获得劳动报酬的方式，而收入是家庭进行一切经济活动的基础，就业获得稳定的现金流入使家庭有更多资源进行储蓄。

表 5.8　就业状况与家庭收支、储蓄率比较

变量	未就业		就业	
	中位数	均值	中位数	均值
收入/元	40 800	64 849.55	48 050	85 311.82
支出/元	38 000	51 975.59	37 426.07	55 925.94
储蓄率 1	0.240 0	0.114 5	0.364 9	0.220 5
储蓄率 2	0.377 2	0.249 2	0.466 0	0.319 1

5.2.4 内生性检验

虽然我们在控制变量选择上参考了大量现有研究成果，模型构建按照由多到少逐项剔除不显著的解释变量，尽量避免遗漏变量导致的内生性，以期更准确地估计信贷约束对家庭储蓄率的影响，但信贷约束与家庭储蓄率还是存在内生性问题。一方面，虽然我们控制了主要核心变量，但影响家庭储蓄率的因素众多，甚至存在潜在变量但当前数据不能完全反映的情况，因而存在遗漏变量的可能性；另一方面，家庭信贷约束与储蓄率可能存在反向因果关系，即信贷约束的存在显著降低了家庭储蓄率，但储蓄率低的家庭更有可能面临信贷约束。因而，我们分别通过工具变量法和倾向得分匹配法进行内生性检验。

5.2.4.1 工具变量法

首先，我们采用工具变量法进行二阶段最小二乘法估计，经过测试，分别采取家庭所在省份和县市的平均信贷约束率作为家庭信贷约束的工具变量。一方面，各个省份和县市平均信贷约束率，与地区经济发展水平、金融生态、信贷政策、储蓄消费文化高度相关，而家庭信贷约束均受这些因素的影响；另一方面，作为个体家庭，其信贷约束的大小对该省份和县市平均信贷约束率的影响很小，可以认为平均信贷约束率与家庭储蓄率不存在反向因素关系。因而，使用家庭所在省份和市县平均信贷约束率作为家庭信贷约束的工具变量是合适的。

表 5.9 分别是家庭所处省份和市县平均信贷约束率作为工作变量的回归结果。其中第（1）列和第（2）列是使用省份平均信贷约束率对储蓄率1 和储蓄率2 进行的两阶段工具变量回归，第（3）列和第（4）列是使用市县平均信贷约束率对储蓄率1 和储蓄率2 进行的两阶段工具变量回归。DWH 检验的内生性结果，除第（4）列外，P 值均在 1% 显著水平下拒绝了模型不存在内生性的问题。一阶段回归结果均表明，家庭所在省份、市县平均信贷约束率对家庭储蓄率的影响系数在 1% 水平内显著为负，一阶段的 F 值均远大于经验值 10，故使用省份和县市平均信贷约束率作为工具变量是合适的，且不存在弱工具变量问题。工具变量的估计结果表明，家庭信贷约束对储蓄率的影响系数均在 1% 显著水平下为负，表明信贷约束降低了家庭的储蓄率。为了稳健起见，我们使用对弱工具变量更不敏感的有限信息最大似然法 LIML 再次进行检验，回归结果与 2SLS 回归结果基本一致。

表 5.9　信贷约束对家庭储蓄率的影响：工具变量法

变量	省份		市县	
	（1）储蓄率 1	（2）储蓄率 2	（3）储蓄率 1	（4）储蓄率 2
constraint	−0.625 2*** （−4.59）	−0.454 7*** （−4.03）	−0.222 6*** （−3.10）	−0.134 3** （−2.16）
控制变量	控制	控制	控制	控制
N	11 958	12 475	11 958	12 475
R^2	0.250 6	0.292 9	0.341 1	0.349 6
第一阶段 F 值	32.59	35.26	43.40	47.73
工具变量 t 值	10.26	11.16	17.58	18.81
DWH 检验 chi^2	20.767 3	14.953 4	5.644 3	2.255 3
P 值	0.000 0	0.000 1	0.000 0	0.133 2

注：***、** 和 * 分别代表 1%、5% 和 10% 的显著水平。为了节省篇幅，只报告了信贷约束这一解释变量的估计系数，其他变量没有报告。

5.2.4.2　倾向得分匹配法

为了缓解自选择问题带来的估计偏差，我们进一步进行倾向得分匹配法估计。计算家庭信贷约束平均处置效应（ATT）的步骤如下：首先，选取家庭规模、婚姻状况、家庭收入的对数等 13 个变量进行 logit 回归，估计出倾向得分；其次，进行一对二的倾向得分近邻匹配和核匹配，表 5.10 给出了匹配结果。以储蓄率 1 为例，近邻匹配的结果显示信贷约束的平均处置效应为 −7.24%，显著水平为 5%，储蓄率 2 的近邻匹配结果也保持稳健。另外，核匹配与近邻匹配的估计结果基本一致，表明本书的估计结果是稳健的。

表 5.10　信贷约束对家庭储蓄率的影响：倾向得分匹配法

匹配方法	结果变量	实验组	对照组	ATT	标准误	t 值
近邻匹配	储蓄率 1	0.155 6	0.227 9	−0.072 4	0.020 7	−3.50
	储蓄率 2	0.155 6	0.217 8	−0.062 3	0.017 2	−3.63
核匹配	储蓄率 1	0.265 4	0.311 4	−0.046 0	0.019 3	−2.39
	储蓄率 2	0.265 4	0.317 8	−0.052 4	0.015 9	−3.30

注：仅对共同取值范围内的个体进行匹配。

通过图 5.3 对各变量标准化偏差进行比较可以发现，匹配后所有变量的标准化偏差均小于 10%，匹配结果较好地满足了平衡性要求。图 5.4 和图 5.5 分别是匹配前和匹配后倾向得分值拟合程度，可以看出匹配后的拟合程度较匹配前更优。

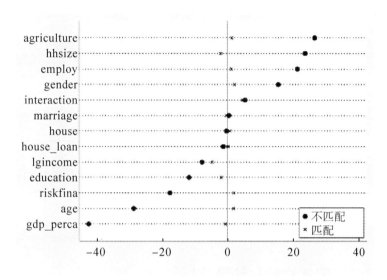

图 5.3　各变量标准化偏差

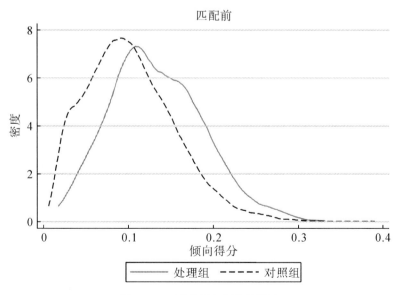

图 5.4　匹配前倾向得分值拟合

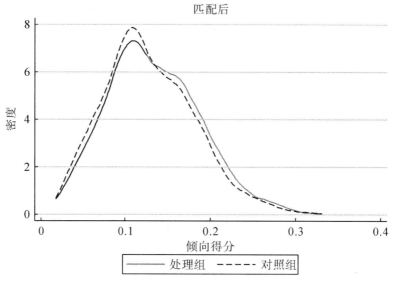

图 5.5　匹配后倾向得分值拟合

5.3　稳健性检验与结果分析

为了使研究结论更可信，接下来我们分别进行稳健性检验和异质性分析。

5.3.1　稳健性检验

为了检验估计结果的稳健性，接下来我们分别从样本、变量定义等方面检验信贷约束对家庭储蓄率的影响。

首先，样本稳健性检验。我们分别用家庭借贷满足约束和信用卡约束进行稳健性检验。在家庭获得借款后，CHFS 继续询问了借款额度是否满足家庭需要①，我们将获得借款但未能完全满足需要的界定为存在部分信贷约束，并作为家庭信贷约束的标准再次对样本进行稳健性检验，表 5.11

----

① 对于获得借款的家庭，CHFS 继续询问了借款是否满足实际需要，有 4 个选项：选项一，完全满足；选项二，满足小部分；选项三，满足大部分；选项四，满足一半需求。我们将选项一界定为无信贷约束并取值为 0，将选项二、选项三、选项四界定为存在部分信贷约束。

的第（1）列和第（2）列给出了估计结果。结果表明，获得的借款未满足需要导致的信贷约束对城乡家庭储蓄率均有显著的负面影响，其中储蓄率1的回归系数为-8.62%，储蓄率2的回归系数为-5.75%，显著水平均为1%。回归系数表明，与家庭绝对信贷约束相比，部分信贷约束对家庭储蓄率的负面影响较绝对信贷约束更大，其原因是当家庭获得借款后仍面临部分信贷约束时，更倾向于通过降低家庭储蓄来解决部分信贷约束。而当家庭面临绝对信贷约束时，因不能获得资金支持，更倾向于抑制需要从而规避信贷约束。

其次，信用卡作为商业银行发放给个人可用于透支的信用证明，是商业银行对个人客户的授信，因而，甘犁等（2018）、谢家智等（2020）将家庭是否持有信用卡作为信贷约束的标准。我们将未拥有信用卡的家庭界定为存在信贷约束再次进行稳健性检验，表5.11的第（3）列和第（4）列给出了估计结果，家庭信用卡导致的信贷约束对家庭储蓄率仍有负面影响，其中信用卡信贷约束对家庭储蓄率1的回归系数为-3.86%，在1%的水平上显著，对家庭储蓄率2的回归系数为-1.09%，但并不显著。

最后，我们用储蓄率3进行稳健性检验。表5.11第（5）列的回归结果显示，信贷约束对家庭储蓄率3的回归系数为-10.14%，在1%的水平上显著。因而，信贷约束对家庭储蓄率有显著的负向影响。

表 5.11　稳健性检验

变量	（1）	（2）	（3）	（4）	（5）
	储蓄率1	储蓄率2	储蓄率1	储蓄率2	储蓄率3
sat_cons	-0.086 2*** (-4.29)	-0.057 5*** (-3.28)	—	—	—
credit_cons	—	—	-0.038 6*** (-3.09)	-0.010 9 (-0.98)	—
constraint	—	—	—	—	-0.101 4*** (-5.38)
控制变量	控制	控制	控制	控制	控制
N	2 407	2 650	11 635	12 054	12 914
F 值	99.39	84.02	339.42	327.76	736.37
R^2	0.378 4	0.348 9	0.341 9	0.354 4	0.465 5

注：***、**和*分别代表1%、5%和10%的显著水平。为了节省篇幅，只报告了信贷约束这一解释变量的估计系数，其他变量没有报告。

从以上对样本和储蓄率的稳健性检验来看，信贷约束对城乡家庭储蓄率均有显著的负面影响。整体来看，以上的估计结果表明本书的研究结论是稳健的。

5.3.2 结果分析

本书使用 CHFS 2015 年数据研究了城乡家庭信贷约束对储蓄率的影响，并将信贷约束分为需求型信贷约束和供给型信贷约束进行实证分析。为避免内生性导致的估计偏差，我们分别用家庭所在省份和县市的平均信贷约束率作为工具变量、倾向得分匹配进行估计，并使用变换样本和变量进行稳健性检验，通过分位数回归等进行异质性分析，结论均支持信贷约束显著降低了家庭储蓄率，即信贷约束对城乡家庭金融资产选择的资金来源有负面影响。

实证结果表明：第一，因农业和工商业生产经营导致的信贷约束，对城乡家庭储蓄率均有显著的负向影响，且这种负向影响有一定的城乡异质性。第二，需求型信贷约束对家庭储蓄率有显著的负向影响，供给型信贷约束有负向影响但并不显著，整体上需求型信贷约束在城乡家庭占主导。第三，稳健性检验发现，部分信贷约束对家庭储蓄率的负面影响较绝对信贷约束更大，其原因是当家庭获得借款后仍面临部分信贷约束时，更倾向于通过减少家庭储蓄来解决剩下的信贷约束，而当家庭面临绝对信贷约束不能获得任何资金支持时，往往存在抑制需要以回避信贷约束的可能性，降低了对家庭储蓄率的负面影响。第四，分位数回归发现，信贷约束对低储蓄率家庭的影响更大。随着家庭储蓄率的上升，家庭信贷约束的负向影响逐渐降低，且这种下降趋势在统计上也是显著的。

得出上述研究结论的主要支持因素有以下四个方面：一是在信贷约束度量标准上，我们将家庭参与农业和工商业经营，未获得或未足额获得信贷支持作为本书信贷约束的标准进行研究。在这些参与生产经营的家庭中，资金往往被作为一种生产要素投入，与其他劳动力、技术设备具有一定的比例关系，通过参与整个生产流通环节实现增值。因而，当家庭在生产经营中面临信贷约束时，其挤出家庭储蓄缓解信贷约束的动机更强烈。二是存在信贷约束的家庭，虽然有更强烈的预防性储蓄动机但缺乏储蓄的资金来源，原因是这些家庭往往存在收入更低和收入风险更高的情况，在家庭支出相同的前提下，存在可用储蓄资源更少的可能性。三是当前我国正规信贷市场仍然以商业银行为主，家庭信贷产品单一，注重抵（质）押品，信贷准入及审批流程不公开透明，信贷寻租较明显，导致家庭正规金融可得性较低。再加上大量家庭金融知识欠缺、金融素养不高，许多家庭主动放弃申请贷款，从而形成了需求型信贷约束占主导的现象。四是非正规金融的发展虽然在一定程度上解决了正规金融可得性低的问题，但存在操作不规范、融资成本高等特征，家庭在获得贷款后，大部分投资收益需要支付融资成本，减少了家庭的储蓄资源。

6 城乡家庭风险性金融资产选择及影响因素

在家庭金融资产结构中，除了储蓄性金融资产外，部分家庭收入和受教育程度较高、金融可得性较强的家庭，往往会选择持有部分风险性金融资产。相较于储蓄性金融资产，风险性金融资产具有风险和收益率都高的特点，持有者承担了高风险甚至存在本金亏损的可能性，也带来了获得高收益的可能性。本章中的风险性金融资产包括理财类产品、债券、基金、股票和金融衍生品。接下来，我们用中国家庭金融调查2015年和2017年数据对城乡家庭风险性金融资产选择行为进行实证研究，并进一步探讨了其深层次的影响因素，以便更全面地透视城乡风险性金融资产选择行为。

6.1 模型构建与定性分析

改革开放以来，我国居民家庭收入在快速增长的同时也出现了较严重的城乡分化、区域分化，城乡之间、地区之间的收入差距不断扩大。国家统计局数据显示，2015年，我国居民的基尼系数是0.462，城乡收入倍差为2.73。西南财经大学中国家庭金融调查与研究中心发布的数据表明，2013年全国总体基尼系数高达0.61，城乡内部分别为0.58和0.59；分东、中、西部来看，基尼系数分别为0.60、0.55和0.64，城乡差异明显[1]。

与此同时，我国股票、期货等风险性金融市场建设虽然取得了很大的

---

① 甘犁，尹志超，谭继军. 中国家庭金融调查报告（2014）［M］. 成都：西南财经大学出版社，2015：184-185.

进步，但与金融体系相对完善的欧美国家相比，以股票为主的风险性金融资产的持有可能性和深度均较低。比如，在家庭股票市场参与率方面，1999年，英国和日本家庭的股票市场参与率分别为26.2%和25.2%；2007年，美国家庭的股票市场参与率为50.3%[①]。国家统计局2009年公布的数据显示，中国家庭参与股票市场的比例为14.8%；西南财经大学《中国家庭财富调查报告（2017）》发布的数据显示，我国家庭股票市场参与率仅为8.84%，基金市场参与率为4.24%。在家庭风险性金融资产持有深度（家庭风险性金融资产/家庭金融资产总和）方面，1999年，英国和日本家庭风险性金融资产持有深度分别为17.1%和7.2%，2007年，美国家庭风险性金融资产持有深度为50.5%，而我国家庭风险性金融资产持有深度为15.45%。在我国城乡之间，家庭风险性金融资产的持有可能性和深度也有较大差异。2015年，全国、城镇和农村家庭持有风险性金融资产的可能性分别为10.4%、17.0%和1.6%；全国、城镇和农村家庭风险性金融资产持有深度分别为28.7%、30.7%和15.9%。因而，不管是从国际还是从国内城乡之间的比较来看，家庭风险性金融资产的持有可能性和深度存在显著不平衡，这是困扰我国城乡一体化和金融改革的现实问题。

党的二十大报告指出，完善按要素分配政策制度，探索多种渠道增加中低收入群众要素收入，多渠道增加城乡居民财产性收入。财产性收入分配不均是我国家庭收入结构失衡、收入差距扩大的重要原因，因而，拓展财产性收入渠道，改善财产性收入分配机制，也是缩小城乡收入差距的重要手段。城镇居民家庭人均财产性收入是农村居民家庭的2.76倍（华椒蕊，2016）。国内外大量的文献研究证实，金融资产投资收益是居民家庭财产性收入的重要组成部分，能够缩小城乡财产性收入差距（Levine，2009；Mookerjee、Kailpioni，2010）。家庭通过参与理财类产品、债券、基金、股票等风险性金融市场，一方面可以实现金融资产的多元化配置，提高家庭的财产性收入；另一方面，也能够增加这些风险性金融市场的流动性，提高资金的配置效率，最终为实体企业提供资金来源。因而，不论是基于微观家庭拓展收入渠道还是着眼于宏观金融环境建设，家庭风险性金融资产选择都是一个值得深入研究的问题。

股票市场"有限参与"一直是困扰家庭金融领域的核心问题，特别是

---

① 尹志超，黄倩. 股市有限参与之谜研究述评 [J]. 经济评论，2013 (6)：144-150.

我国长期存在二元经济结构，城乡家庭在收入水平、金融能力、金融可得性、风险偏好等方面存在显著差异，导致城乡家庭风险性金融资产选择可能性和深度存在显著异质性，而这种异质性可能使城乡家庭财产性收入差距扩大。正是当前二元经济结构下城乡家庭收入差异等多因素的共同作用，导致城乡家庭风险性金融资产的持有可能性和深度显著不同。本章从定量的角度研究城乡特征这一因素对家庭风险性金融资产的持有可能性究竟有多大影响，并进一步探讨了导致这种差异的具体原因。

6.1.1 研究假说与模型构建

6.1.1.1 研究假说

关于家庭金融资产选择理论主要有家庭生命周期理论、资产组合理论、二元金融结构理论、金融发展和深化理论等。家庭生命周期理论认为，家庭从诞生到解体的过程中，因各个阶段家庭收入支出约束、储蓄目标不一样，导致金融资产的选择有显著差异。关于家庭生命周期没有固定的划分标准和模式，一般而言，可以家庭相应人口事件发生为标志，将家庭生命周期划分为形成期、成长期、成熟期、收缩期、空巢期和解体期六个阶段。

资产组合理论是在各种不确定性条件下，将资金分配到多种资产上，以寻求风险和收益相匹配的组合。在理性经济人假设和均值方差框架下，家庭金融资产选择就是各种金融资产的最佳组合，即在给定风险水平下预期收益最大，或在给定收益情况下风险水平最低。随着信息不对称理论的引入，有限理性观点被引入家庭金融资产选择理论。

二元金融结构理论特指发展中国家城乡之间金融市场发展的不平衡导致的金融结构，即存在少数规范的正规金融市场和组织，但也存在大量传统的非正规金融活动。这主要体现为发达的金融中介和资本市场主要在大城市，而相对落后的金融中介和信用合作社主要在农村，两种截然不同的金融市场相互割裂但又并存。

与欧美发达国家相比，我国长期呈现出城乡发展不平衡的二元经济特征，金融发展水平、金融供存在明显的城乡差异。因而，在解释我国家庭风险性金融资产选择的城乡异质性方面，二元金融结构理论更具有说服力。具体影响路径主要有以下几个方面：

第一，金融发展水平的城乡差异。McKinnon 和 Shaw 的金融深化理论认为，在发展中国家，存在严重的金融抑制现象，农村地区的金融供给不足，农村家庭除了获得基础金融服务外，获得信贷支持和专业金融服务的可能性更小。我国金融市场虽然经过了近30年的改革，但改革主要在城镇地区，城镇家庭是金融改革的主要受益者；而农村地区的金融改革相对滞后。从我国当前城乡金融发展整体水平来看，农村家庭面临金融抑制的可能性远大于城镇家庭，农村家庭参与民间借贷的可能性更大。近年来，虽然政府部门和监管机构对银行发放"三农"贷款进行政策倾斜和信贷配给，但正规金融机构在农村地区发放的信贷资金往往也存在"精英俘获"现象，一般农户反而难以获得信贷支持，这种机制扭曲了农贷市场结构。

第二，金融机构类型和分布的城乡差异。在国有银行陆续进行股份制改革后其行为更加市场化，基于成本收益考虑，四大银行也逐步压缩农村地区网点数量，甚至撤出部分农村地区，将营业网点布局在县城或主要乡镇，四大国有银行的退出为邮政银行、信用社进入农村地区提供了市场空间。数据显示，2019年上半年，银行网点减少的趋势明显，其中国有及股份制银行分别减少网点566个、260个，只有城市商业银行增加了330个网点。整体来看，国有及股份制银行金融服务更规范，规模经济更明显，金融服务成本也更低；而城市商业银行业务相对单一，金融服务成本也更高。因而，农村地区形成了少量正规金融机构主导，大量非正规金融机构参与的垄断竞争格局，市场竞争不充分，金融供给不足，金融服务成本较高，导致农村家庭更有可能存在信贷约束，转而参与民间融资。相反，城镇地区正规金融机构充分竞争，提供金融服务更专业，产品体系更完善，且提供金融服务的成本更低。

第三，家庭金融能力的城乡差异。家庭金融能力主要来源于两方面，一是家庭户主的受教育程度，特别是金融知识方面的教育，二是家庭参与社会互动或金融市场投资获得的经验积累，且往往后者对家庭金融资产选择的影响更大。家庭的金融能力对风险性金融资产配置可能性和深度均有显著的正向影响。家庭的金融能力通过影响金融信息获取、信息分析决策、金融可得性等改变家庭的金融决策和风险偏好，从而影响家庭风险性金融资产配置。家庭金融能力的不同，导致风险性金融资产配置的城乡差异。虽然金融科技的应用和智能手机的普及打破了传统物理网点金融服务半径的局限，为农村家庭获取金融服务提供了可能性，但家庭金融能力不足也在较大程度上阻碍了这些应用在农村地区的推广。

当然，除了城乡二元金融结构的差异外，其他如城乡家庭收入及收入风险、城乡家庭风险偏好和风险承担能力、社会保障等多方面城乡差异的存在，均在不同程度上影响了家庭的风险偏好，最终导致家庭风险性金融资产选择存在城乡差异。

根据上述理论分析，结合相关文献，本书提出如下假说：

假说6.1：与农村家庭相比，城镇家庭参与风险性金融市场的可能性更大，风险性金融资产参与可能性存在显著的城乡异质性。

假说6.2：在参与风险性金融市场的家庭中，城镇家庭风险性金融资产的占比更高，风险参与深度存在显著的城乡异质性。

假说6.3：家庭风险性金融资产选择的部分影响因素存在显著的城乡异质性。

6.1.1.2 模型构建

根据本书的研究假说，我们使用中国家庭金融调查与研究中心2015年和2017年的微观调查数据，建立下面这个实证模型来检验家庭风险性金融资产持有可能性：

$$Participation_i = \alpha + \beta \times Urban_i + \gamma_k \sum Control_i + Prov_i + \varepsilon_i \quad (6.1)$$

公式（6.1）中，$u \sim N(0, \sigma^2)$，其中 $participation_i$ 是二值虚拟变量，代表家庭是否持有风险性金融资产，取值为1表示家庭持有风险性金融资产，反之取值为0；$urban_i$ 代表家庭的城乡特征，取值为1表示城镇家庭，取值为0表示农村家庭；$control_i$ 是控制变量，包含了一系列影响家庭风险性金融资产选择的人口学特征、家庭经济特征和主观心理特征；$prov_i$ 是代表除西藏和新疆外的各个省份，目的是为了通过省份固定效应，控制家庭所在的省份，以消除区域经济、文化等差异对家庭参与风险性金融市场的影响；ε_i 是误差项。

我们可以这样理解，如果回归结果显示 $urban_i$ 的β符号显著为正，则说明家庭的城镇特征会促进家庭持有风险性金融资产，回归系数是显著的，则说明即使在控制了个人和家庭经济变量之后，家庭的城乡特征对是否持有风险性金融资产仍有显著影响。模型首先采用Probit回归得到解释变量对家庭是否持有风险性金融资产发生影响的方向，再用Dprobit模型回归得到解释变量对家庭是否持有风险性金融资产实际影响的大小。本书的实证部分数据均采用西南财经大学中国家庭金融调查与研究中心2015年和2017年的截面数据。

我们进一步实证分析了家庭风险性金融资产的持有深度,即家庭金融资产结构中风险性金融资产的占比。事实上,不管是城镇还是农村均有很多家庭没有持有风险性金融资产,这就导致被解释变量中很多值为 0,因而家庭风险性金融资产在总金融资产中的占比是截断的(censored),故本书使用 Tobit 模型进一步估计了城乡差异对家庭金融资产选择深度的影响。

$$Proportion_i^* = \alpha + \beta \times Urban_i + \gamma_k \sum Control_i + Prov_i + \epsilon_i \quad (6.2)$$

$$Proportion_i = max \, (0, \, Proportion_i^*) \quad (6.3)$$

公式(6.2)、公式(6.3)是 Tobit 模型,proportion$_i$表示表示家庭风险性金融资产占金融资产的比例,proportion$_i^*$表示风险性金融资产比例大于 0 的部分;同理,urban$_i$代表家庭的城乡特征,comtrol$_i$是控制变量,prov$_i$是省份固定效应,ε_i是误差项。

6.1.1.3 数据来源

本章我们使用中国家庭金融调查 2015 年和 2017 年数据对家庭风险性金融资产选择进行实证研究和比较分析。其中,2015 年样本涉及全国除西藏和新疆外的 29 个省(区、市),样本家庭 37 289 户,城镇家庭 25 635 户(占 68.75%),农村家庭 11 654 户(占 31.25%);2017 年样本涉及除西藏和新疆外的 29 个省(区、市),样本家庭 40 011 户,城镇家庭 27 279 户(占 68.18%),农村家庭 12 732 户(占 31.82%)。整体来看,中国家庭金融调查采用三阶段(PPS)抽样,样本具有很强的代表性。

6.1.2 变量设定与描述性统计

6.1.2.1 变量设定

本书研究的主要问题是家庭风险性金融资产持有的城乡差异,将金融资产分为风险性金融资产和储蓄性金融资产,其中风险性金融资产是本章研究的重点,包括理财类产品、债券、基金、股票和金融衍生品;储蓄性金融资产包括现金、银行活期和定期存款、股票账户内的现金余额。家庭风险性金融资产选择的被解释变量有两个:①家庭风险性金融资产持有可能性的异质性(participation),是虚拟变量,取值为 1 表示家庭持有风险性金融资产,反之取值为 0。2015 年全样本、城镇家庭和农村家庭的均值分别为 12.47%、17.61% 和 1.19%;2017 年全样本、城镇家庭和农村家庭的均值分别为 15.75%、21.87% 和 2.63%。②家庭风险性金融资产持有深度的异质性(proportion),即在持有风险性金融资产的家庭中,风险金融资产在家庭总金融资产中的比例。2015 年全样本、城镇家庭和农村家庭风险性金融资产持有深度均值分别为 46.18%、46.35% 和 40.77%；2017 年全样本、城镇家庭和农村家庭风险性金融资产持有深度均值分别为 42.16%、42.79% 和 31.07%。以上数据表明，城乡家庭风险性金融资产的持有可能性和深度存在较大的异质性。

核心解释变量 urban 表示家庭的城乡特征，是一个二值虚拟变量。家庭的城镇特征，以 CHFS 访员入户调查时家庭的居住地址为依据，根据国家统计局《统计用城乡划分代码》标准进行城乡特征标识，并对主要经济活动不在此居住地和居住未达 6 个月的样本进行更换，以保证家庭主要经济活动与城乡特征的一致性。2015 年全样本共 37 289 户，其中城镇家庭取值为 1，共 25 635 户（占比 68.75%），农村家庭取值为 0，共计 11 654 户（占比 31.25%）；2017 年全样本共 40 011 户，其中城镇家庭共 27 279 户（占比 68.18%），农村家庭共计 12 732 户（占比 31.82%）。

为了更好地对城乡家庭风险性金融资产差异进行解释，我们将控制变量分成以下三个方面：①人口统计特征，包括婚姻状态、性别、年龄、受教育程度、金融知识、政治身份、家庭规模和社会互动；②家庭经济特征，包括家庭收入、家庭房产、住房贷款、就业情况、农业经营、工业经营、社会保障等；③主观心理特征，包括风险态度和健康状况。

涉及家庭经济和社会特征的变量有：①家庭年收入（income）。为保证实证结果的平稳性，家庭年收入以万元为单位，2015 年和 2017 年家庭收入的平均数分别为 7.696 7 万元和 8.890 2 万元。②是否拥有自有住房（house）。2015 年拥有自有住房的家庭取值为 1，共 31 779 户家庭，无住房（包括免费居住或租赁）取值为 0，共有 5 480 户家庭，城镇、农村拥有自有住房的家庭分别为 20 718 户和 11 061 户，在样本中的占比分别为 80.89% 和 94.96%。2017 年拥有自有住房的家庭 33 746 户，无住房的家庭 6 240 户，城镇、农村拥有自有住房的家庭分别为 21 856 户和 11 890 户，在样本中的比例分别为 80.18% 和 93.43%。2015 年和 2017 年数据表明，农村家庭拥有自有住房的比例高于城镇家庭。③家庭是否有住房贷款（house_loan），该变量包含银行贷款和民间贷款。2015 年有住房贷款的家庭取值为 1，共 5 564 户，无住房贷款的家庭取值为 0，共 28 269 户（缺失值共 3 156 户），全样本、城镇家庭和农村家庭有住房贷款的比例分别为 16.45%、17.59% 和 14.13%，城镇家庭有住房贷款的比例高于农村家庭。

2017 年有住房贷款的家庭共 6 273 户，无住房贷款的家庭共 33 738 户，全样本、城镇家庭和农村家庭有住房贷款的比例分别为 15.68%、15.81% 和 15.40%。④是否自营工商业（industry）。是取值为 1，2015 年共有 5 970 户，在样本中占比 16.01%，其中城镇家庭自营工商业 4 716 户，农村家庭自营工商业 1 254 户，占比分别为 18.40% 和 10.76%，城镇家庭自营工商业的比例高于农村家庭；无取值为 0，共 31 318 户，其中城镇家庭 20 918 户，农村家庭 10 400 户。2017 年家庭参与自营工商业的共 5 712 户（占比 14.28%），其中城镇家庭 4 479 户，农村家庭 1 233 户，在城乡样本中的占比分别为 16.42% 和 9.68%。⑤是否经营农业（agriculture）。2015 年家庭从事农业生产经营取值为 1，共 12 035 户，在样本中占比 32.28%，其中城镇家庭 3 550 户，农村家庭 8 485 户，占比分别为 13.85% 和 72.81%，未从事农业生产经营取值为 0 共 25 254 户。2017 年从事农业经营的共 15 248 户（占比 38.11%），其中城镇和农村分别为 5 039 户和 10 209 户，占比分别为 18.47% 和 80.18%。⑥社会保险（insurance），该变量指是否有社会医疗保险和商业医疗保险。2015 年有社会保险取值为 1，共有 24 986 户，无社会保险则取值为 0，共 2 778 户①。2017 年有社会保险的共 37 461 户，无社会保险的共 2 550 户。

涉及家庭人口学特征的变量有：①家庭规模（hhsize）。2015 年全样本、城镇和农村样本均值分别为 3.571 9 人、3.324 7 人和 4.115 8 人，2017 年样本、城镇和农村样本均值分别为 3.441 6 人、3.179 5 人、4.003 1 人，家庭规模有缩小的趋势，均值验证了农村家庭规模较城镇家庭大。②婚姻状况（marriage）。调查问卷分为未婚、已婚、同居、分居、离婚和丧偶六个选择，本书将已婚和同居一年以上的家庭取值为 1，未婚、分居、离异和丧偶取值为 0。2015 年取值为 1 的共 31 773 户，取值为 0 的共 5 463 户，2017 年取值为 1 的共 34 085 户，取值为 0 的共 5 881 户。③性别（gender）②。男性取值为 1，女性取值为 0。2015 年男性共 20 320 人，女性共

---

① 该保险包括：城镇职工基本医疗保险、城镇居民基本医疗保险、新型农村合作医疗保险、城乡居民基本医疗保险、公费医疗、商业医疗保险、企业补充医疗保险、大病医疗统筹、社会互助等。

② 该变量 2015 年使用家庭财富决策者性别，2017 年采用家庭户主性别。受国内家庭户主以男性为主的影响，2017 年数据均值大于 2015 年。

16 969 人；2017 年男性 31 738 人，女性 8 272 人。④年龄（age）。家庭财务决策者的年龄，2015 年和 2017 年全样本的均值分别为 52.177 1 岁和 55.202 3 岁。⑤受教育程度（education）。问卷将文化程度从未上过学到博士研究生，分别取值 1~9。2015 年全样本、城镇家庭和农村家庭的受教育程度均值分别为 3.411 8、3.858 1 和 2.430 8；2017 年全样本、城镇家庭和农村家庭的受教育程度均值分别为 3.430 3、3.866 3 和 2.496 6，城镇家庭的受教育程度均高于农村家庭，特别是大专及以上的高学历个体在城镇的数量远高于农村，城乡家庭受教育程度有较大差异。⑥金融知识（knowledge）①。根据回答问题正确的数量取值为 0~3。2015 年全样本、城镇家庭和农村家庭的金融知识均值分别为 0.919 0、1.089 5 和 0.543 8；2017 年全样本、城镇家庭和农村家庭的金融知识均值分别为 0.745 2、0.865 7 和 0.489 5，城乡家庭金融知识普遍较低，但城镇家庭的金融知识远高于农村家庭。⑦就业（employ）。这是一个二值虚拟变量，即是否有工作（包含务农），有工作取值为 1，没有工作取值为 0。2015 年全样本、城镇家庭和农村家庭均值为 61.21%、54.85% 和 75.30%；2017 年全样本、城镇家庭和农村家庭均值为 61.63%、55.95% 和 75.82%。⑧政治身份（political）。党员和民主党派取值为 1，其他身份取值为 0。2015 年全样本、城镇家庭和农村家庭均值为 15.95%、18.32% 和 10.73%；2017 年全样本、城镇家庭和农村家庭均值为 19.52%、22.60% 和 12.97%。⑨社会互动（interaction）。这是一个二值虚拟变量，考虑到社会互动支出与收入和地域文化高度相关，本书设计的变量为家庭红白喜事支出占家庭总收入的比例。当有礼金支出而无收入或收入为负数，及红白喜事支出所占收入的比例大于样本中位值（4%）时，虚拟变量"社会互动"取值为 1，否则取值为 0。数据经处理后，2015 年有社会互动的家庭 11 684 户，无社会互动的家庭 16 953 户（缺失值共 8 652 户），其中城镇家庭参与社会互动的比例为 36.03%，农村家庭参与社会互动的比例为 52.70%；2017 年城镇家庭参与社会互动的比例为 23.09%，农村家庭参与社会互动的比例为 32.88%，城镇家庭参与社会互动的比例远低于农村家庭，验证了农村的熟人社会特

---

① 该变量采用评分法对原始数据利率、通货膨胀、风险三个问题进行整理，回答正确的计为 1，错误或不知道的计为 0，然后将三个问题进行加总代表金融知识，取值 0~3 代表答对的题数，0 分代表全部答错或不知道，3 分表示全部答对。

征明显。

涉及家庭主观心理特征的变量有：①风险态度（risk）①。2015年全样本、城镇家庭和农村家庭风险偏好的比例分别为10.22%、11.35%和7.52%，风险偏好均值分别为2.608 5、2.568 8和2.703 0；2017年全样本、城镇家庭和农村家庭风险偏好的比例分别为10.42%、11.50%和7.89%，风险偏好均值分别为2.593 9、2.553 2和2.687 9；数据表明城乡家庭均是风险厌恶型，与传统经济假设一致，但城镇家庭风险偏好的比例高于农村。②健康状况（health）。根据主观判断取值范围为1~5分，分值越高则表明越健康。2015年全样本、城镇家庭和农村家庭的均值分别是2.644 2、2.548 5、2.856 2；2017年全样本、城镇家庭和农村家庭的均值分别2.612 7、2.498 3、2.858 0。

表6.1是对上述核心变量和控制变量简要描述和赋值的简单汇总。

表6.1　核心解释变量及控制变量简要描述和赋值

变量类别	变量	符号	描述	赋值
核心变量	城乡特征	urban	家庭城乡特征	城镇=1,农村=0
	家庭收入	income	家庭年收入（万元）	具体数值
	家庭房产	house	是否拥有自有住房	自有住房=1,无住房（包括免费居住或租赁）=0
控制变量：家庭经济特征	住房贷款	house_loan	家庭是否有住房贷款（含银行和民间借款）	有贷款=1,无贷款=0
	工业经营	industry	是否从事自营工商业	是=1,否=0
	农业经营	agriculture	是否从事农业经营	是=1,否=0
	社会保障	insurance	家庭是否有社会保险（含商业保险）	有=1,无=0

---

① CHFS中专门针对家庭风险态度设置了提问：[A4003]"若有一笔资产，您愿意选择哪种投资项目？选项一，高风险高回报。选项二，略高风险，略高回报。选项三，平均风险，平均回报。选项四，略低风险，略低回报。选项五，不愿意承担任何风险。选项六，不知道。"为了与以往的文献保持一致，本书按照传统定义，将选项一和选项二合并为风险偏好型家庭，将选项三作为风险中性类型家庭，将选项四和选项五合并为风险厌恶型家庭，选项六"不知道"视同缺失值。由题可以看出，经整理后，风险偏好取值为1，风险中性取值为2，风险厌恶取值为3。该分类变量值越大，其风险厌恶程度越高。

表6.1(续)

变量类别	变量	符号	描述	赋值
	家庭规模	hhsize	家庭人口规模	具体数值
	婚姻状态	marriage	婚姻状况	已婚、同居=1,未婚、分居、离异和丧偶=0
	性别	gender	性别	男性=1,女性=0
	年龄	age	年龄	具体数值
控制变量:人口统计特征	受教育程度	education	受教育程度	从未上过学到博士研究生,分别取值1~9
	金融知识	knowledge	金融知识	根据问题回答正确的数量取值为0~3
	就业情况	employ	是否有工作(包含务农)	有工作=1,没有工作=0
	政治身份	political	政治身份	党员和民主党派=1,其他身份=0
	社会互动	interaction	家庭是否参与社会互动	是=1,否=0
控制变量:主观心理特征	风险态度	risk	风险态度	风险偏好=1,风险中性=2,风险厌恶=3
	健康状况	health	健康状况	根据主观判断取值范围为1~5
固定效应	省份特征	prov	除西藏、新疆外的省份	—
稳健检验	地区特征	region	分为东、中、西部	东部=1,中部=2,西部=3
稳健检验	人均GDP	GDP	家庭所在省份2015年的人均GDP	具体数值

资料来源:笔者根据中国家庭金融调查2015年和2017年数据整理。为节省篇幅,以下数据如无特殊说明,均由笔者根据该调查数据整理。

6.1.2.2 描述性统计

为了对城乡家庭风险性金融资产的持有可能性和深度及变量有一个直观的认识,表6.2和表6.3列出了2015年和2017年全样本、城镇家庭和农村家庭均值和中位数的描述性统计,其中2015年全样本、城镇家庭和农村家庭样本量分别为37 289个、25 635个和11 654个;2017年全样本、城镇家庭和农村家庭样本量分别为40 011个、27 279个和12 732个。

从表6.2来看,整体城乡家庭风险性金融资产的持有可能性存在显著的"有限参与"现象,2015年全样本、城镇家庭和农村家庭参与风险性金融资产市场的比例分别为12.47%、17.61%和1.18%;2017年全样本、城镇家庭和农村家庭参与风险性金融资产市场的比例分别为 15.75%、21.87% 和 2.63%。参与风险性金融市场的家庭大部分是城镇家庭，农村家庭的参与比例更低，风险性金融资产的持有可能性和深度均具有显著的城乡差异。

表 6.2　全样本、城镇家庭和农村家庭的描述性统计结果（均值）

变量名	2015 年			2017 年		
	全样本 N = 37 289	城镇 N = 25 635	农村 N = 11 654	全样本 N = 40 011	城镇 N = 27 279	农村 N = 12 732
participation	0.124 7	0.176 1	0.011 8	0.157 5	0.218 7	0.026 3
proportion	0.461 8	0.463 5	0.407 7	0.421 6	0.427 9	0.310 7
urban	0.687 5	1.000 0	0.000 0	0.681 8	1.000 0	0.000 0
hhsize	3.571 9	3.324 7	4.115 8	3.441 6	3.179 5	4.003 1
marriage	0.853 3	0.837 4	0.888 3	0.852 8	0.842 2	0.875 5
income	7.696 7	9.255 4	4.268 2	8.890 2	10.721 1	4.967 6
house	0.852 9	0.808 9	0.949 6	0.843 9	0.801 8	0.934 3
house_loan	0.164 5	0.175 9	0.141 3	0.156 8	0.158 1	0.154 0
gender	0.544 9	0.494 4	0.656 2	0.793 3	0.748 9	0.888 2
health	2.644 2	2.548 5	2.856 2	2.612 7	2.498 3	2.858 0
age	52.177 1	50.958 1	54.858 3	55.202 3	54.390 5	56.941 8
employ	0.612 1	0.548 5	0.753 0	0.616 3	0.559 5	0.738 2
political	0.159 5	0.183 2	0.107 3	0.195 3	0.226 0	0.129 7
education	3.411 8	3.858 1	2.430 8	3.430 3	3.866 3	2.496 6
knowledge	0.919 0	1.089 5	0.543 8	0.745 2	0.865 7	0.489 5
industry	0.160 1	0.184 0	0.107 6	0.142 8	0.164 2	0.096 8
agriculture	0.322 8	0.138 5	0.728 0	0.381 1	0.184 7	0.801 8
risk	2.608 5	2.568 8	2.703 0	2.593 6	2.553 2	2.687 9
Insurance	0.921 7	0.912 8	0.941 4	0.936 3	0.934 0	0.941 1
interaction	0.408 0	0.360 3	0.527 0	0.268 2	0.239 9	0.328 8
region	1.737 7	1.653 1	1.923 7	1.736 5	1.655 6	1.909 8

表 6.3 是城乡家庭中位数的描述性分析。整体来看，城乡家庭各变量中位数基本一致，但在风险性金融资产持有深度上，2015 年全样本、城镇

家庭和农村家庭中位数分别为 42.86%、42.88% 和 38.10%；2017 年全样本、城镇家庭和农村家庭中位数分别为 38.78%、39.47% 和 19.84%，2017年风险性金融资产参与深度较 2015 年下降。其可能的原因是，2015 年以股票为主的风险性金融市场处于牛市，2017 年则处于熊市，风险性金融市场行情影响了家庭金融资产组合。

表 6.3　全样本、城镇家庭和农村家庭的描述性统计结果（中位数）

变量名	2015 年			2017 年		
	全样本 N = 37 289	城镇 N = 25 635	农村 N = 11 654	全样本 N = 40 011	城镇 N = 27 279	农村 N = 12 732
participation	0.000 0	0.000 0	0.000 0	0.000 0	0.000 0	0.000 0
proportion	0.428 6	0.428 8	0.381 0	0.387 8	0.394 7	0.198 4
urban	1.000 0	1.000 0	0.000 0	1.000 0	1.000 0	0.000 0
hhsize	3.000 0	3.000 0	4.000 0	3.000 0	3.000 0	4.000 0
marriage	1.000 0	1.000 0	1.000 0	1.000 0	1.000 0	1.000 0
income	4.492 3	5.507 9	2.348 9	5.375 5	6.781 8	2.495 9
house	1.000 0	1.000 0	1.000 0	1.000 0	1.000 0	1.000 0
house_loan	0.000 0	0.000 0	0.000 0	0.000 0	0.000 0	0.000 0
gender	1.000 0	0.000 0	1.000 0	1.000 0	1.000 0	1.000 0
health	3.000 0	3.000 0	3.000 0	3.000 0	2.000 0	3.000 0
age	52.000 0	51.000 0	54.000 0	55.000 0	54.000 0	56.000 0
employ	1.000 0	1.000 0	1.000 0	1.000 0	1.000 0	1.000 0
political	0.000 0	0.000 0	0.000 0	0.000 0	0.000 0	0.000 0
education	3.000 0	3.000 0	2.000 0	3.000 0	3.000 0	2.000 0
knowledge	1.000 0	1.000 0	0.000 0	1.000 0	1.000 0	0.000 0
industry	0.000 0	0.000 0	0.000 0	0.000 0	0.000 0	0.000 0
agriculture	0.000 0	0.000 0	0.000 0	0.000 0	0.000 0	1.000 0
risk	3.000 0	3.000 0	3.000 0	3.000 0	3.000 0	3.000 0
Insurance	1.000 0	1.000 0	1.000 0	1.000 0	1.000 0	1.000 0
interaction	0.000 0	0.000 0	1.000 0	0.000 0	0.000 0	0.000 0
region	2.000 0	1.000 0	2.000 0	1.000 0	1.000 0	2.000 0

表 6.2 和表 6.3 均值和中位数的描述性统计表明，绝大部分家庭没有参与风险性金融市场。在参与风险性金融市场的家庭中，风险性金融资产在家庭金融资产中的占比较高。均值和中位数表明，家庭一旦参与风险性金融市场，风险性金融资产的配置比例将大幅增加。

在其他控制变量方面，①家庭规模。2015 年全样本、城镇家庭和农村家庭均值分别为 3.57 人、3.24 人和 4.12 人，2017 年全样本、城镇家庭和农村家庭均值分别为 3.44 人、3.18 人和 4.00 人，数据显示家庭规模缩小，但农村家庭规模大于城镇家庭规模。中位数表明，城镇家庭以 3 口之家为主，而农村家庭以 4 口之家为主。②家庭收入。2015 年样本均值为 7.70 万元，城镇家庭和农村家庭分别为 9.26 万元和 4.27 万元，城镇家庭是农村家庭的 2.17 倍，显示城乡之间收入差距较大；2017 年全样本、城镇家庭和农村家庭均值分别为 8.89 万元、10.72 万元和 4.97 万元，城镇家庭是农村家庭的 2.16 倍，城乡差距与 2015 年基本一致。中位数方面，2015 年全样本、城镇家庭和农村家庭分别为 4.49 万元、5.51 万元和 2.35 万元；2017 年全样本、城镇家庭和农村家庭分别为 5.38 万元、6.78 万元和 2.50 万元。2015 年和 2017 年的中位数远低于均值，表示我国家庭收入差距大，大量较低收入家庭与少量高收入家庭并存。③受教育程度。2015 年全样本、城镇家庭和农村家庭均值分别为 3.41、3.86 和 2.43；2017 年全样本、城镇家庭和农村家庭均值分别为 3.43、3.87 和 2.50，城镇家庭整体受教育程度仍然较低，但城镇家庭的受教育程度高于农村家庭。④风险态度。2015 年全样本、城镇家庭和农村家庭均值分别为 2.61、2.57 和 2.70；2017 年全样本、城镇家庭和农村家庭均值分别为 2.59、2.55 和 2.69，表明我国城乡家庭均以风险厌恶型为主。⑤社会互动。2015 年全样本、城镇家庭和农村家庭均值分别为 0.41、0.36 和 0.53；2017 年全样本、城镇家庭和农村家庭均值分别为 0.27、0.24 和 0.33。数据显示农村家庭社会互动高于城镇家庭，验证了在以血缘和亲缘为基础的社会结构中，家庭参与社会互动的可能性更大，社会互动发挥着社会保障的功能。

6.2 实证结果与分析讨论

本章的主要目的是使用 CHFS2015 年和 2017 年数据，对家庭风险性金融资产的持有可能性和深度进行实证研究。为了达到这一目的，我们首先在全样本中进行回归分析，然后在高于全样本中位数的高收入群体中再次进行回归，检验在高收入样本中的结论是否与全样本保持一致，最后分省（区、市）和县市人均 GDP 进行稳健性检验。

6.2.1 基本回归结果

根据模型（6.1），我们首先把家庭是否持有风险性金融资产作为被解释变量进行 Probit 回归，表 6.4 的第（1）列和第（2）列分别给出了 2015年和 2017 年主要解释变量及控制变量的 Probit 回归结果。我们发现家庭城镇特征的回归系数 β 在 1% 显著水平下为正，2015 年和 2017 年的回归系数分别为 0.550 7 和 0.451 6，表明家庭的城镇特征对风险性金融资产的持有可能性有显著的正向影响。

为了得到城镇特征对家庭风险性金融资产的持有可能性的边际影响力，我们进一步用 Dprobit 进行回归，表 6.4 的第（3）列和第（4）列给出了 2015 年和 2017 年回归的结果。从实证结果看，城镇特征的回归系数 β 在 1% 显著水平下分别为 0.071 6 和 0.076 1，即平均而言，2015 年和 2017 年城镇家庭风险性金融资产的持有可能性比农村家庭分别高 7.16% 和 7.61%，证实了本书的研究假说 6.1。同时，从其他变量回归系数来看，家庭的城镇特征是影响家庭风险性金融资产的持有可能性的最大影响因素，该因素的影响力甚至大于受教育程度和金融知识。城镇家庭参与风险性金融资产的可能性更大，与多方面因素有关，如在金融素养、金融供给、风险识别和管理能力等方面，城镇家庭有明显的优势，由于金融的城乡二元特征，农村家庭则处于更加弱势的地位，风险性金融资产信息与服务更难辐射到农村地区。

表 6.4　家庭风险性金融资产的持有可能性

被解释变量	Probit：风险性金融资产的持有方向				Dprobit：风险性金融资产持有概率			
	（1）2015 年		（2）2017 年		（3）2015 年		（4）2017 年	
	系数	z-stats	系数	z-stats	系数	z-stats	系数	z-stats
城乡特征	0.550 7***	(11.23)	0.451 6***	(12.42)	0.071 6***	(11.38)	0.076 1***	(12.76)
家庭规模	−0.044 4***	(−4.68)	−0.038 1***	(−4.74)	−0.006 3***	(−4.52)	−0.007 6***	(−5.24)
婚姻状况	0.276 5***	(7.09)	0.106 2***	(3.32)	0.035 0***	(7.05)	0.020 6***	(3.79)
家庭年收入	0.004 3***	(6.10)	0.005 7***	(7.07)	0.000 8***	(6.83)	0.001 3***	(7.55)
自有住房	0.140 2***	(3.22)	0.065 3**	(2.42)	0.010 5*	(1.72)	0.003 3	(0.70)
住房贷款	−0.068 9**	(−2.18)	−0.023 2	(−0.84)	−0.010 8**	(−2.41)	−0.006 1	(−1.23)

表6.4(续)

被解释变量	Probit:风险性金融资产的持有方向				Dprobit:风险性金融资产持有概率			
	(1)2015 年		(2)2017 年		(3)2015 年		(4)2017 年	
	系数	z-stats	系数	z-stats	系数	z-stats	系数	z-stats
性别	-0.149 3***	(-5.93)	-0.052 1**	(-2.07)	-0.022 0***	(-5.84)	-0.011 0**	(-2.37)
健康状况	0.009 0	(0.64)	-0.041 0***	(-3.65)	-0.000 9	(-0.42)	-0.010 2***	(-5.19)
年龄	0.006 9***	(6.12)	-0.006 8***	(-7.15)	0.001 2***	(7.13)	-0.000 9***	(-5.63)
就业	-0.044 8	(-1.46)	-0.063 2**	(-2.40)	-0.008 0*	(-1.73)	-0.011 5**	(-2.40)
政治身份	0.110 7***	(3.64)	0.034 3*	(1.67)	0.014 6***	(3.09)	0.010 0***	(2.72)
受教育程度	0.201 2***	(24.03)	0.203 9***	(30.44)	0.029 3***	(23.82)	0.036 8***	(30.53)
金融知识	0.241 5***	(17.52)	0.198 0***	(16.65)	0.037 6***	(18.52)	0.036 4***	(16.97)
自营工商业	0.073 7**	(2.29)	0.094 2***	(3.27)	0.007 8	(1.58)	0.014 5***	(2.67)
农业经营	-0.413 7***	(-9.54)	-0.319 9***	(-10.39)	-0.064 8***	(-11.11)	-0.063 9***	(-12.13)
风险态度	-0.363 9***	(-21.33)	-0.254 0***	(-17.75)	-0.053 9***	(-21.51)	-0.047 6***	(-18.56)
社会保险	0.211 9***	(4.00)	0.267 2***	(5.4)	0.030 3***	(4.43)	0.044 3***	(5.79)
社会互动	-0.156 1***	(-5.81)	-0.077 1***	(-3.16)	-0.033 9***	(-8.90)	-0.028 0***	(-6.69)
provFE	控制		控制		—		—	
N	23 545		30 980		23 545		30 980	
Pseudo R²	0.295 9		0.281 3		0.271 0		0.255 6	

注:***、**和*分别代表1%、5%和10%的显著水平,估计中控制了省份作为固定效应,为了节省篇幅,结果没有报告,以下相同。

为了衡量家庭风险性金融资产的持有深度,根据模型(6.2)和模型(6.3),我们把家庭风险性金融资产在总金融资产中的比例作为被解释变量,分别使用2015年和2017年数据进行 Tobit 回归,表6.5第(1)列和第(2)列分别给出了主要解释变量及控制变量的回归结果。其中2015年和2017年,家庭的城镇特征对风险性金融资产的持有深度回归系数分别为0.335 6和0.279 0,显著水平均为1%,说明城镇家庭在金融资产中更多地配置风险性金融资产。在其他条件类似的情况下,2015年和2017年城镇家庭的风险性金融资产在家庭金融资产中的比例分别高于农村家庭33.56%和27.90%。风险性金融资产的持有深度也再次验证了城镇家庭不仅风险性金融市场资产持有的可能性比农村家庭大,且风险性金融资产的持有深度也显著高于农村家庭,城乡因素是影响家庭风险性金融资产持有深度的最主要因素。这与本书的研究假说6.2基本吻合,即在其他条件类似的情况下,城镇家庭风险性金融资产的持有可能性和深度比农村家庭更高。

表 6.5　家庭风险性金融资产持有深度

| 被解释变量 | Tobit：风险性金融资产持有深度 | | | |
| | （1）2015 年 | | （2）2017 年 | |
	系数	z-stats	系数	z-stats
城乡特征	0.335 6***	（11.37）	0.279 0***	（13.46）
家庭规模	-0.030 9***	（-5.66）	-0.023 0***	（-5.14）
婚姻状况	0.165 3***	（7.48）	0.061 3***	（3.52）
家庭年收入	0.001 7***	（7.54）	0.002 4***	（8.79）
自有住房	0.059 7**	（2.39）	0.040 9***	（2.80）
住房贷款	-0.038 7**	（-2.20）	-0.006 9	（-0.49）
性别	-0.095 8***	（-6.76）	-0.025 3*	（-1.89）
健康状况	0.000 3	（0.04）	-0.021 6***	（-3.49）
年龄	0.004 7***	（7.32）	-0.002 0***	（-3.84）
就业	-0.031 4*	（-1.79）	-0.038 1***	（-2.63）
政治身份	0.056 2***	（3.36）	0.021 7*	（1.96）
受教育程度	0.115 1***	（24.77）	0.111 2***	（31.22）
金融知识	0.136 3***	（17.53）	0.110 4***	（17.41）
自营工商业	0.044 4**	（2.44）	0.052 0***	（3.41）
农业经营	-0.255 6***	（-10.00）	-0.203 0***	（-11.81）
风险态度	-0.203 4***	（-21.82）	-0.135 6***	（-18.06）
社会保险	0.132 8***	（4.34）	0.144 9***	（5.16）
社会互动	-0.094 9***	（-6.12）	-0.034 1**	（-2.50）
provFE	控制		控制	
N	23 545		30 980	
Pseudo R^2	0.280 5		0.266 5	

注：***、** 和 * 分别代表 1%、5% 和 10% 的显著水平，估计中控制了省份作为固定效应，为了节省篇幅，结果没有报告，以下相同。

6.2.2　高收入样本的实证结果

为了更进一步了解家庭的城乡特征对风险性金融资产持有的可能性及

深度的差异化影响，我们参考 Guiso et al.（2008）的做法，检验了在高收入家庭（家庭年收入高于全样本中位数以上的家庭）中，城乡特征差异对风险性金融资产的持有可能性和深度的影响，其中 2015 年和 2017 年家庭收入中位数分别为 4.492 3 万元和 5.375 5 万元。

表 6.6 给出了 2015 年高收入样本回归结果。我们从回归结果中发现，即使在高收入家庭样本中，家庭城镇特征对持有风险性金融资产可能性的回归系数 β 仍然在 1% 显著水平下为正，且从影响家庭风险性金融资产的持有可能性的大小来看，城镇家庭风险性金融资产的持有可能性比农村家庭高 10.73%，较全样本的 7.16% 还高 3.57 个百分点，说明在高收入家庭样本中，家庭的城镇特征对风险性金融资产的持有可能性的影响更大。进一步在高收入家庭样本中的 Tobit 回归结果表明，家庭的城镇特征对风险性金融资产持有深度的影响，虽然较全样本的 33.56% 有所下降，但仍然高达 29.35%，表明在高收入家庭样本中，风险性金融资产持有深度的城乡差异在缩小但仍显著。

表 6.6　家庭风险性金融资产持有情况及深度：2015 年较高收入群体

被解释变量	（1）probit		（2）dprobit		（3）tobit	
	风险性金融资产的持有方向		风险性金融资产的持有概率		风险性金融资产的持有深度	
	系数	z-stats	系数	z-stats	系数	z-stats
城乡特征	0.508 0***	（7.81）	0.107 3***	（7.78）	0.293 5***	（7.85）
控制变量、provFE	控制		—		控制	
N	13 569		13 569		13 569	
Pseudo R²	0.242 4		0.217 0		0.229 7	

注：***、** 和 * 分别代表 1%、5% 和 10% 的显著水平，为了节省篇幅，只报告了城乡这一解释变量的估计系数，其他变量没有报告。

表 6.7 给出了 2015 年高收入家庭样本回归结果。回归结果与 2015 年基本保持一致，即在高收入家庭样本中，城镇家庭风险性金融资产参与可能性比农村家庭高 10.68%，较全样本的 7.61% 高 3.07 个百分点。高收入家庭样本的 Tobit 回归结果，从全样本的 27.90% 下降至 21.77%。

表 6.7　家庭风险性金融资产持有情况及深度：2017 年较高收入群体

被解释变量	（1）probit 风险性金融资产的 持有方向		（2）dprobit 风险性金融资产的 持有概率		（3）tobit 风险性金融资产的 持有深度	
	系数	z-stats	系数	z-stats	系数	z-stats
城乡特征	0.379 6***	(7.74)	0.106 8***	(7.70)	0.217 7***	(8.27)
控制变量、provFE	控制		—		控制	
N	16 168		16 168		16 168	
Pseudo R²	0.199 6		0.176 1		0.189 7	

注：***、**和*分别代表1%、5%和10%的显著水平，为了节省篇幅，只报告了城乡这一解释变量的估计系数，其他变量没有报告。

2015 年和 2017 年高收入家庭样本回归结果均表明，即使在高收入家庭样本中，家庭的城镇特征对风险性金融资产的持有仍然有显著的正向影响，但风险性金融资产的持有可能性的城乡差异更大了，即相较于城镇家庭，相对富裕的农村家庭也可能远离风险性金融市场。与此同时，在风险性金融资产持有的深度方面，高收入样本家庭的城乡差异在缩小。因而，提高家庭的收入水平不一定能缩小城乡家庭风险性金融资产持有的可能性差异，但有利于缩小城乡风险性金融资产持有的深度性差异。

6.2.3　影响因素的城乡比较

为了更深入地分析各项控制变量对城乡家庭风险性金融资产的持有可能性和深度的影响，我们用 2015 年数据对城乡样本分别进行回归，检验相同的影响因素对城乡家庭金融资产选择影响力的方向和大小。表 6.8 给出了回归结果。

表 6.8　家庭风险性金融资产持有情况及深度：主要控制变量

被解释变量	（1）probit 风险性金融资产的 持有方向		（2）dprobit 风险性金融资产的 持有概率		（3）tobit 风险性金融资产的 持有深度	
	农村	城镇	农村	城镇	农村	城镇
住房	-0.183 2	0.149 7***	-0.155 0	0.076 6**	-0.165 1***	0.062 8**
住房贷款	0.037 9	-0.072 4**	0.031 1	-0.079 5*	0.045 7**	-0.039 6**

表6.8(续)

被解释变量	（1）probit 风险性金融资产的 持有方向		（2）dprobit 风险性金融资产的 持有概率		（3）tobit 风险性金融资产的 持有深度	
	农村	城镇	农村	城镇	农村	城镇
就业	0.162 1	−0.614*	0.153 6	−0.066 7**	0.121 2***	−0.037 3**
婚姻状况	0.123 7	0.278 5***	0.112 1	0.272 2***	0.138 8***	0.162 4***
受教育程度	0.077 4**	0.204 6***	0.065 7*	0.198 2***	0.066 0***	0.115 5***
风险态度	−0.163 4***	−0.380 6***	−0.148 4***	−0.374 9***	−0.153 2***	−0.207 2***
社会互动	−0.052 4	−0.162 6***	−0.119 0	−0.238 6***	−0.045 6**	−0.096 9***
政治身份	0.314 5***	0.092 2***	0.282 7**	0.073 6**	0.287 3***	0.042 99**
自营工商业	0.221 4**	0.065 8*	0.293 7***	0.034 2	0.198 9***	0.037 5**
控制变量 provFE	控制	控制	—	—	控制	控制
N	6 221	16 715	6 830	16 715	6 830	16 715
Pseudo R^2	0.164 1	0.230 0	0.113 4	0.202 6	0.182 8	0.215 0

注：***、**和*分别代表1%、5%和10%的显著水平，为了节省篇幅，只报告了主要解释变量的估计系数，其他变量没有报告。

回归结果表明：①自有住房、住房贷款和就业因素对城乡家庭风险性金融资产的持有可能性和深度的影响方向相反。具体来说，住房对农村家庭风险性金融资产的持有可能性和深度有负向影响，对城镇家庭有正向影响；而住房贷款和就业情况对农村家庭风险性金融资产的持有可能性和深度有正向影响，对城镇家庭则有负向影响。②婚姻状况和受教育程度对城乡家庭风险性金融资产的持有可能性和深度均有正向影响，风险态度和社会互动则有负向影响，但这四个因素对城镇家庭风险性金融资产的持有可能性和深度的影响大幅高于对农村家庭的影响。③政治身份和自营工商业对城乡家庭风险性金融资产的持有可能性和深度有正向影响，但对农村家庭的影响远大于城镇家庭。

因而，我们发现，相同的影响因素对城乡家庭风险性金融资产的持有可能性和深度的影响不同，不仅影响力大小有显著差异，且部分因素影响的方向也相反。家庭风险性金融资产影响因素的城乡比较分析，验证了本章的研究假说6.3，即家庭风险性金融资产选择的部分影响因素存在显著的城乡异质性。

6.2.4 内生性讨论

内生性问题在本书中存在的可能性较小，原因主要有三方面：

第一，本书研究的核心解释变量"城乡因素"是中国家庭金融调查与研究中心根据样本受访地的城乡属性划分的，家庭的城乡特征在调查时已事实上存在一段时间，更重要的是目前我国风险性金融市场并无家庭城乡特征差异方面的准入壁垒，家庭为了参与风险性金融资产投资而改变城乡特征的动机几乎不存在。且家庭城乡特征可能会影响风险性金融资产的持有可能性和深度，但两者之间并不存在反向因果关系。

第二，核心解释变量和控制变量均是基于已有的大量研究成果来筛选的，收入、风险态度、受教育程度、婚姻状况等变量是影响家庭风险性金融资产的持有可能性和深度的最主要因素，本书在模型中加入了这些起主要影响力的解释变量，即已经控制了主要的影响因素，目的是研究家庭的城乡特征差异对风险性金融资产的持有可能性和深度的影响。

第三，本书模型控制变量的筛选经过由多到少，逐项剔除了回归不显著的解释变量，尽量避免遗漏变量导致的内生性，通过尽量多的控制变量来减少内生性问题，从而更准确地估计城乡差异对家庭风险性金融资产的持有可能性和深度的影响。

6.3 稳健性检验与结果分析

接下来，为了提高上述研究结论的可靠性，我们对实证结果进行稳健性检验，并就导致城乡家庭风险性金融资产的持有可能性和深度异质性的原因进行深入讨论。

6.3.1 稳健性检验

6.3.1.1 考虑家庭所处的地区变量

本书采用可能影响家庭风险性金融资产的持有可能性和深度的地区变量进行稳健性检验，因为地区变量与地区经济状况、金融生态、金融环境和制度甚至消费习惯等要素高度相关，我们通过样本的地区特征，进一步检验了城乡特征差异对家庭风险性金融资产持有的可能性和深度的影响。

表 6.9 根据样本数据采集的省（区、市）来源对地区变量进行了说明。

表 6.9　地区变量说明

变量取值	变量取值含义	包含的地区
1	东部	北京、天津、河北、辽宁、上海、江苏、浙江、福建、山东、广东、海南
2	中部	山西、吉林、黑龙江、安徽、江西、河南、湖北、湖南
3	西部	内蒙古、广西、重庆、四川、贵州、云南、陕西、甘肃、青海、宁夏

　　表 6.10 给出了 2015 年数据稳健性检验的估计结果，为了节省篇幅，只报告了关注变量，控制变量的结果没有报告。从回归结果来看，家庭城乡特征对是否持有风险性金融资产在东部、中部和西部的估计系数 β 均在 1% 显著水平下为正，验证了不管是在东部、中部还是在西部地区，家庭的城镇特征对是否持有风险性金融资产均有显著的正向影响。Dprobit 回归结果进一步表明，整体来看，虽然家庭的城镇特征对风险性金融资产持有的可能性和深度有显著的正向影响，但具体在东、中、西部各个地区，城镇特征的影响力大小是不同的。具体来看，东、中、西部城镇家庭持有风险性金融资产的可能性分别比农村家庭高 10.89%、3.38% 和 4.38%，即东部地区差异最大，中、西部差异次之。在家庭风险性金融资产的持有深度上，Tobit 回归结果表明，东部、中部、西部家庭城镇特征的估计系数分别为 34.04%、37.01% 和 28.68%，均在 1% 显著水平下，说明经济越发达的地方，风险性金融资产持有深度的城乡差异越大。回归结果表明，家庭的城镇特征对风险性金融资产的持有可能性和深度是有正向影响的，且在统计上都非常显著，因而，前面的估计结果是稳健的。

表 6.10　稳健性检验一：地区差异与风险性金融资产持有（2015 年）

被解释变量	东部		中部		西部	
	系数	z-stats	系数	z-stats	系数	z-stats
风险性金融资产的持有方向	0.593 3***	(8.76)	0.541 9***	(5.97)	0.436 1***	(4.11)
Pseudo R²	0.268 7		0.296 8		0.270 5	
风险性金融资产的持有概率	0.108 9***	(8.66)	0.033 8***	(5.75)	0.043 8***	(4.46)
Pseudo R²	0.246 7		0.289 0		0.258 1	

表6. 10(续)

被解释变量	东部		中部		西部	
	系数	z-stats	系数	z-stats	系数	z-stats
风险性金融资产的持有深度	0.340 4***	(8.71)	0.370 1***	(6.15)	0.286 8***	(4.15)
Pseudo R²	0.252 0		0.289 3		0.256 6	
控制变量、provFE	控制		控制		控制	
N	11 514		6 641		5 390	

注：为了节省篇幅，只报告了城乡这一解释变量的估计系数，其他变量没有报告。

表 6.11 是 2017 年数据稳健性检验的估计结果。从回归结果来看，回归系数显著水平均为 1%，回归结果与 2015 年基本一致，再次印证了回归结果的稳健性。

表 6.11　稳健性检验一：地区差异与风险性金融资产持有（2017 年）

被解释变量	东部		中部		西部	
	系数	z-stats	系数	z-stats	系数	z-stats
风险性金融资产的持有可能性	0.461 6***	(9.34)	0.436 2***	(6.39)	0.488 7***	(5.40)
Pseudo R²	0.258 1		0.250 5		0.276 7	
风险性金融资产的持有概率	0.103 8***	(9.30)	0.045 1***	(6.13)	0.047 9***	(5.49)
Pseudo R²	0.236 0		0.245 3		0.268 8	
风险性金融资产的持有深度	0.274 6***	(10.34)	0.278 7***	(6.44)	0.339 4***	(5.85)
Pseudo R²	0.244 5		0.240 5		0.258 5	
控制变量、provFE	控制		控制		控制	
N	15 655		8 210		7 115	

注：为了节省篇幅，只报告了城乡这一解释变量的估计系数，其他变量没有报告。

6.3.1.2　考虑家庭所处省（区、市）的人均 GDP

各省（区、市）人均 GDP 不仅代表了该省（区、市）经济发展状况，也是对该省（区、市）家庭收入、金融供给等因素的综合反映。为了更进一步检验城乡特征对家庭风险性金融资产的持有可能性及深度的影响，我们考虑家庭风险性金融资产的持有可能性和深度是否受各省（区、市）的经济发展水平因素影响，因而我们引入家庭所在省（区、市）2015 年和 2017 年的人均 GDP 作为解释变量，重新估计城镇标识的系数及显著水平，从另外一个角度再次进行稳健性检验。表 6.12 采用 2015 年数据给出了估计结果，为了节省篇幅，只报告了关注变量，控制变量的结果没有报告。

表 6.12 的回归结果表明，在引入家庭所在省（区、市）人均 GDP 作为控制解释变量后，城乡特征对家庭是否持有风险性金融资产的估计系数 β 为 0.529 3，显著水平为 1%，表明城乡特征对家庭风险性金融资产的持有具有显著的正向影响。在对家庭风险性金融资产持有的可能性方面，Dprobit 结果表明在其他条件相似的情况下，城镇家庭持有风险性金融资产的可能性比农村家庭高 6.74%。在风险性金融资产的持有深度上，家庭城镇特征这一解释变量的估计系数为 0.328 8，表明在其他条件类似的情况下，城镇家庭风险性金融资产在金融资产中的持有比例比农村家庭高32.88%。

表 6.12　稳健性检验二：人均 GDP 与风险性金融资产持有（2015 年）

被解释变量	（1）probit		（2）dprobit		（3）tobit	
	风险性金融资产的持有方向		风险性金融资产的持有概率		风险性金融资产的持有深度	
	系数	z-stats	系数	z-stats	系数	z-stats
城乡特征	0.529 3	（10.91）	0.067 4	（10.91）	0.328 8	11.08
控制变量	控制		控制		控制	
N	23 545		23 545		23 545	
Pseudo R^2	0.281 7		0.281 7		0.267 2	

注：为了节省篇幅，只报告了城乡这一解释变量的估计系数，其他变量没有报告。

我们进一步使用 2017 年数据进行稳健性检验，表 6.13 给出了回归结果。从回归系数和显著水平来看，与 2015 年数据基本一致。因而，2015 年和 2017 年的稳健性检验均表明，家庭的城乡特征对风险性金融资产的持有可能性和深度有正向影响，在统计上也非常显著，因而，前面的估计结果是稳健的。

表 6.13　稳健性检验二：人均 GDP 与风险性金融资产持有（2017 年）

被解释变量	（1）probit 风险性金融资产的持有方向		（2）dprobit 风险性金融资产的持有概率		（3）tobit 风险性金融资产的持有深度	
	系数	z-stats	系数	z-stats	系数	z-stats
城乡特征	0.451 6***	12.42	0.069 1***	11.83	0.279 0***	13.46
控制变量	控制		控制		控制	
N	30 980		30 980		30 980	
Pseudo R²	0.281 3		0.271 7		0.266 5	

注：为了节省篇幅，只报告了城乡这一解释变量的估计系数，其他变量没有报告。

6.3.2　结果分析

从上面的实证结果我们可以发现，不仅城乡家庭风险性金融资产的持有可能性和深度有显著差异，而且各主要因素的影响方向和影响力大小也截然不同。城镇家庭更多地参与和持有风险性金融资产，可能与什么因素有关？相同的影响因素，为何对城乡家庭风险性金融资产的持有可能性和深度有截然不同的影响？在本部分我们对此进行了探讨，但由于影响家庭行为的因素众多，这里的拓展探讨只是尝试性的。我们认为可能有以下原因：

一是社会互动的城乡差异。本书将社会互动作为控制变量进行研究，回归系数表明社会互动对城乡家庭风险性金融资产的持有可能性和深度有显著的负向影响，且对城镇家庭的影响要明显高于农村家庭。社会互动对家庭金融资产的负向影响，可能是投资者亏损的负面示范效应对其他家庭持有风险性金融资产产生了消极影响。特别是在我国城乡家庭以股票为主的风险性金融资产结构中，股指自 2007 年创下新高后受全球金融危机的影响，股票市场整体经历了长期低迷和剧烈波动的局面。公开数据显示，2016 年亏损的投资者比例达 73.2%。正是在这一大背景下，大量亏损者的示范效应导致情景类社会互动家庭对风险性金融资产的持有具有消极作用[1]。另外，从家庭社会互动深层次的原因和结构来看，社会互动也有明

---

① Manski（2000）根据参考群体与个体之间的影响是单向的还是双向的，将社会互动分为内生互动和情景互动。内生互动是双向的，即群体成员的行为不仅影响个体投资决策，同时也受个体投资决策的反作用；情景互动是单向的，即个体投资决策受群体行为的影响但不能反作用于群体行为。

显的城乡差异，主要体现在农村家庭的社会互动主要以血缘亲戚关系为主，社会互动的目的是维系这种关系。在封闭的农村，这种社会互动有互帮互助的功能。但城镇家庭的社会互动以兴趣爱好、同事、朋友这种非血缘关系为主，更容易形成互相学习、信息共享的优势，这可能是导致家庭参与风险性金融资产市场的可能性和深度出现显著差异的一个因素。

二是收入稳定性的城乡差异。城镇家庭的主要收入来源为工资性收入，农村家庭的主要收入来源为农产品销售收入和劳动收入，城镇家庭收入的稳定性远高于农村家庭。一方面，家庭的收入风险越高，参与风险性金融资产的比例越低（Guiso，2008；Ardak、Wilkins，2009）。农村家庭收入的波动性越大，家庭的预防性储蓄需求就越高，更倾向于稳健的投资产品；城镇家庭收入稳定性越高，越倾向于选择高收益、高风险的非存款类金融资产。另一方面，近几年互联网金融的崛起，带动了正规金融机构金融产品创新的高潮，比如银行基于个人缴纳的社会保险、公积金创新的信贷产品、证券公司的融资融券等。拥有稳定收入来源的城镇家庭更有可能成为金融机构争抢的优质客户，也更容易获得正规金融渠道的低成本资金。特别是在股票市场行情较好的时候，更容易激励城镇家庭通过增加财务杠杆参与风险性金融市场，以获取更多财产性收入，拉大了风险性金融资产的持有可能性和深度的城乡差距。

三是财富效应的城乡差异。房产增值会带来巨大的财富效应，促使家庭向更高风险的资产投资（Tobin，1982）。相较于发达国家比较成熟的房地产市场，我国在 1998 年才开始住房货币化改革，至今也只有 20 余年，房地产市场发育时间短，相关制度不健全，房产价格经历了几轮大幅上涨。因为农村家庭承包的土地及宅基地并没有入市交易，农村房产更多的只有居住属性而投资属性较弱，房屋修建对大部分的农村家庭来说都是一笔巨大的支出，同时因正规金融供给缺乏，导致家庭建房往往需要参与民间借贷，因而，房产对农村家庭风险性金融资产的持有可能性和深度的影响更多地体现为挤出效应。而城镇家庭房产价格上涨带来了巨大的财富效应，且随着正规金融机构按揭贷款的介入，房产成为家庭少数可以增加财务杠杆的资产，因而房产对城镇家庭风险性金融资产的持有可能性和深度的影响有正向作用。财富基础是家庭参与风险性金融市场的资金前提，因而，要改变城乡家庭风险性金融资产持有的差异，改善城乡二元住房和金融结构，缩小城乡财富和金融供给差异才是根本之策。

7 城乡家庭金融资产财富效应研究

在上两章中，我们对家庭金融资产选择资金来源和风险性金融资产选择进行了实证研究，实证分析了家庭金融资产选择的逻辑。随着金融资产在家庭总资产中所占的比例越来越高，金融资产投资收益作为财产性收入的组成部分，对家庭收入、财富积累和消费产生了显著的影响。在本章，我们用 CHFS 2015 年和 2017 年数据对家庭金融资产的财富效应进行了研究，探讨了金融资产选择对家庭消费支出的具体影响，并根据消费的性质将其细分为食品消费、刚性消费和弹性消费，研究金融资产财富效应的异质性，为激励家庭消费、促进经济内循环提供参考。

7.1 模型构建与定性分析

自我国加入 WTO 后，进出口贸易额快速增加，经济稳定增长。但近几年在"美国优先"和"英国脱欧"的影响下，催生了"逆全球化"浪潮和国际贸易保护主义抬头趋势，特别是 2020 年，在新型冠状病毒感染疫情全球蔓延、贸易摩擦增加的双重负面影响下，宏观经济面临较大的增长压力，出口和消费增速有较大幅度下降。我国 2020 年贸易出口 17.93 万亿元，同比增长 4%；进口 14.22 万亿元，同比下降 0.7%。社会消费品零售总额 391 981 亿元，同比下降 3.9%，自改革开放以来首次出现同比下降的情况。人均消费支出 21 210 元，其中城镇和农村人均消费支出分别为 27 007 元和 13 713 元，与 2019 年相比，扣除价格因素后，均有不同程度的下降。国内生产总值 101.60 万亿元，同比增长 2.3%。传统上拉动经济增长的出口和消费均受到明显的负面影响，经济增长面临外贸下降和内需不足的双重压力。针对这一现实问题，多地通过发放消费券等方式激励家庭消费，但如何通过有限的资源撬动更多的消费，仍是值得我们深入思考的问题。

投资、消费、出口是经济增长的"三驾马车"。目前来看，出口将长期面临疫情和贸易保护主义的负面影响，不确定性因素增大，出口拉动经济增长的作用在减弱，出口依赖型经济增长方式在较长时期内受到外部环境制约，而国内居民消费对经济增长的拉动作用将越来越重要。国内外大量研究表明，家庭消费与经济增长正相关。但长期以来，我国大部分家庭面临住房、医疗、教育、养老等刚性支出和目标性储蓄的约束，家庭边际消费倾向和消费对经济的贡献均较低。世界银行统计数据显示，2017年我国居民消费率仅为38.4%，远低于美国的69.0%和英国的65.7%，也低于大部分其他同等收入水平的国家；国家统计局数据显示，2019年我国消费对GDP的贡献率为57.8%，而同期美国的贡献率为69.1%。同时，地区经济发展不平衡，城乡收入和消费支出差异明显。内需不足一直是困扰我国经济增长的一个问题，消费对经济的拉动作用没有得到充分发挥，因而，增强消费对经济发展的基础性作用，也是政府当前宏观经济政策的一个重要方向。

传统上，我们把家庭消费理解为家庭收入与家庭储蓄的差额，特别是目标性储蓄和预防性储蓄，对家庭消费支出有显著的挤出效应。广义的储蓄不仅包含储蓄性的存款，还包含投资性的股票、保险、债券等。家庭进行储蓄的主要动机是应对突发事件和医疗支出、子女教育和养老，因而家庭储蓄多少和储蓄的稳定性显著影响家庭的消费支出。进入20世纪中后期，随着各主要经济体资本市场的发展和完善，金融资产在家庭资产中的比例越来越高，并成为家庭资产配置中的重要组成部分。从国内外家庭资产结构变化规律来看，金融资产配置规模不断扩大，传统的以储蓄为主的单一金融资产配置模式，正在被多元化资产组合替代。

理论方面，绝对收入理论认为，家庭的消费支出水平取决于可支配收入和边际消费倾向，边际消费倾向随着可支配收入的增加而递减。相对收入理论、生命周期理论、持久收入理论等也认为收入是影响消费和储蓄的重要因素，因而成为消费储蓄理论的核心变量。家庭收入的货币数量及收入风险是消费决策的基础和前提，即便总收入相同，但家庭收入结构的差异也会导致收入预期的不同，进而影响消费决策。随着家庭收入来源的拓宽，金融资产投资收益作为财产性收入的组成部分，在家庭收入结构中所占的比例越来越高。2019年，我国居民家庭工资性收入在总收入中的占比下降至55.9%，非工资性收入逐年增长，多元化收入格局逐渐形成。

家庭金融资产对消费的促进作用主要体现在两个方面：一是直接财富效应，金融资产价值的上升使家庭财富增加，直接刺激消费支出增加；二是间接财富效应，金融资产（特别是股票）价格的上升导致人们对未来经济发展更乐观，预期家庭收入增加，消费者的信心增加，从而间接刺激消费支出增加。因而，家庭金融资产带来的财富增值和乐观预期，对家庭消费支出和经济增长均有正向的促进作用。

在新型冠状病毒感染疫情全球蔓延的宏观经济背景下，未来出口贸易不确定性增加，如何降低宏观经济对出口的过度依赖，通过激励家庭消费，真正发挥消费拉动经济增长的作用，既是一个亟待解决的现实诉求，也是一个值得研究的理论问题。因而，我们利用西南财经大学中国家庭金融调查数据，从家庭金融资产视角，研究了金融资产财富效应的异质性，证实了家庭金融资产财富效应的存在，发现了财富效应的显著异质性，以便为实施差异化家庭消费鼓励政策提供决策参考依据。

7.1.1 研究假说与模型构建

7.1.1.1 研究假说

家庭消费支出虽受多方面因素的影响，但家庭金融资产增值产生的财富效应是其中的一个重要方面。家庭金融资产的财富效应主要有直接财富效应和间接财富效应，其中直接财富效应主要增加家庭实际收入或心理收入，对消费支出的促进作用效率更高但持续时间较短；间接财富效应主要提高家庭消费信心，改变家庭边际消费倾向来影响消费，有一定的滞后性，对消费的促进作用较慢但持续时间较长。

第一，直接效应。在传统经济框架中，家庭收入都是消费理论的核心变量，家庭的收入水平是进行消费或金融资产选择的基础，也是家庭风险承受能力的重要特征。家庭持有的金融资产，通过分红和资本利得等方式实现的投资收益，作为家庭收入的组成部分，直接提高了家庭的当期收入水平，从而提升家庭的消费支出。家庭金融资产直接财富效应主要通过提高家庭收入水平、优化家庭收入结构、降低家庭收入风险等，从收入方面直接影响家庭消费支出。

一是收入金额。家庭收入是财富积累和消费储蓄的来源，收入对家庭消费支出数量和结构均将产生根本性的影响。根据生命周期理论，家庭会将拥有的资源在生命周期各个阶段进行调整，从而起到平滑各期消费的目的。一般来说，家庭收入越高，其消费支出越大，两者总体呈正相关关系。当家庭金融资产获得投资收益时，通过增加家庭收入直接促进家庭消费支出，即使是未完全实现的账面收益，家庭往往也将其视为收入的一部分，从而进行更多的消费。金融资产增值除了带来当期家庭收入增加外，预期收入增加也会提高家庭消费支出，即当家庭预期金融资产在未来能够带来收入时，更倾向于提前进行部分消费。值得注意的是，改革开放以后，反映家庭食品消费支出的恩格尔系数逐渐下降，食品消费基本得到满足，收入对食品消费的促进作用在降低。与此对应的是，非食品类如交通、娱乐、旅游、教育等消费支出所占的比例越来越高，家庭消费结构更加优化合理。同时，当前我国城乡家庭消费支出数量和结构具有显著的异质性，其主要原因是城乡家庭收入差距过大。如 2019 年城镇居民人均可支配收入 42 359 元，农村居民人均可支配收入 16 021 元，城乡家庭可支配收入比近年有逐渐缩小的趋势，但仍高达 2.64∶1。

二是收入结构。持久收入理论根据收入的类型将收入分为持久收入和暂时收入，认为只有可预期的长久收入才会影响家庭消费，而暂时收入对家庭消费支出并没有显著影响。家庭储蓄性金融资产能带来持久、稳定的投资收益，投资风险较小；而风险性投资收益与风险正相关，收益具有较大的不确定性。家庭金融资产持有数量和结构的差异，直接影响家庭的收入结构，而家庭收入结构的差异既是家庭资源配置的结果，也是影响消费支出的重要原因。同时，随着我国宏观经济改革的推进和微观家庭收入来源的拓展，2019 年城乡家庭非工资性收入在可支配收入中的占比分别为39.65% 和58.91%，非工资性收入逐年上升，家庭收入结构逐渐呈现多元化的趋势。这种多元化的收入结构相对更为合理，收入冲击的风险更低，因而家庭更倾向于保持消费支出的稳定。城乡家庭持有的金融资产数量和结构的差异以及由此导致的收入预期的不同，影响着家庭的消费决策。

三是收入风险。家庭收入既面临宏观经济形势和金融政策的影响，也面临微观家庭特征的变化，如就业、婚姻、疾病、意外等。传统理论认为，家庭的收入风险越高，其预防性储蓄需求越高，家庭选择抑制消费的可能性越大。家庭持有的金融资产根据风险属性可分为储蓄性金融资产和风险性金融资产，前者的风险和收益均较低，后者则相反。家庭储蓄性和风险性金融资产配置比例及风险水平的差异，带来了投资收益的不确定性和家庭收入风险的不同。收入风险除了与家庭收入结构相关外，还与家庭的金融素养相关，金融素养关系到家庭能否有效识别风险并进行风险管理。一方面，家庭金融资产组合及风险属性，直接影响了家庭收入风险的不同，从而改变家庭的消费支出；另一方面，家庭可以通过调整金融资产组合、使用对冲金融工具、保险等对收入风险进行有效管理，起到降低收入风险的作用。家庭金融资产投资收益，促进了家庭收入的多元化，优化了家庭收入结构，一定程度上分散了家庭的收入风险，从而促使家庭增加消费。

第二，间接效应。金融资产价格是未来经济的领先指标，传递了经济增长或企业发展的预期。当金融市场处于牛市阶段时，金融资产价格不断上升，将从三个方面间接促进消费增加。①宏观经济增长预期加强。金融资产价格与经济增长存在一定程度的正相关关系。一方面，金融资产价格的上涨是对未来宏观经济增长的预期，提振了经济增长信心；另一方面，当金融资产价格上升时，大量家庭将闲置资金投入金融市场，提高了金融市场的流动性和资金的配置效率，并通过金融市场转化为社会投资，从而推动宏观经济的增长。②社会企业投资意愿增加。金融资产价格上升和未来经济增长的预期，激励企业扩大生产规模，加大投资力度；金融市场的繁荣也为企业融资提供了资金便利，同时，公司股票价格上涨也为企业进行股权质押融资创造了良好的条件。③微观家庭消费信心增强。金融资产价格上升，未来经济增长和收入增加的可能性更大，家庭将维持或扩大消费信心，从而促进家庭消费增长。另外值得注意的是，当家庭金融资产价值增加时，一方面更容易获得商业银行、证券公司专业化的金融服务，从金融机构获得融资的可能性和额度都增加，如信用卡、信用贷额度的提升，提高了金融的可得性；另一方面，家庭还可以将证券进行质押以获得金融机构的信贷支持，提高金融资产的流动性，从而促进家庭的消费。

当然，影响家庭消费支出的因素众多，金融资产财富效应只是其中的一个因素。但随着金融市场改革和市场机制的完善，家庭逐渐意识到在家庭资产组合中配置金融资产，对于提升家庭收入、优化家庭资产和收入结构、利用金融工具进行风险管理等都有积极的作用。因而，随着经济的发展和家庭财富的积累，金融资产的财富效应在城乡家庭中的作用将越来明显。根据上述分析和我国二元城乡特征，我们提出如下假说：

假说 7.1：金融资产财富效应在我国城乡家庭均显著存在。

假说 7.2：金融资产财富效应存在显著的城乡异质性。

假说 7.3：金融资产财富效应对不同类型消费存在城乡异质性。

7.1.1.2　模型构建

本书使用的数据来自中国家庭金融调查与研究中心（CHFS）2015 年和 2017 年在全国范围内开展的调查，该调查采用 PPS 抽样方式。其中 2015 年的样本涉及全国 29 个省 2 585 个县，样本家庭 37 289 户，城镇家庭 25 635 户（占 68.75%），农村家庭 11 654 户（占 31%）；2017 年样本涉及 29 个省（区、市，西藏、新疆除外），样本家庭 40 011 户，城镇家庭 27 279 户（占 68.18%），农村家庭 12 732 户（占 31.25%）。根据本书的研究目的，我们利用下面这个实证模型来检验家庭金融资产的财富效应：

$$Lncons_i = \alpha + \beta_1 \times Lnsaving_i + \beta_2 \times Lnriskfin_i + \gamma_k \sum Control_i + Prov_i + \varepsilon_i$$

$$(7.1)$$

公式（7.1）中，$u \sim N(0, \sigma^2)$，其中 $lncons_i$ 代表家庭消费支出，$lnsaving_i$ 代表家庭的储蓄性金融资产，$lnriskfin_i$ 代表家庭风险性金融资产；$control_i$ 是控制变量，包含了家庭的一系列控制特征，如收入、年龄、受教育程度等；$prov_i$ 是省份固定效应，目的是控制各省份的地区经济特征和消费文化等差异，ε_i 是误差项。同时，我们对家庭消费支出、家庭储蓄性金融资产和风险性金融资产取自然对数。如果储蓄性和风险性金融资产的回归系统 β_1 和 β_2 符号为正，则说明储蓄性和风险性金融资产具有正的财富效应，回归系数越大则财富效应越大；如果回归系数在统计上是显著的，则说明即便在控制了家庭其他特征后，金融资产仍然具有财富效应。

7.1.2　变量设定与描述性统计

7.1.2.1　变量设定

本书的被解释变量为家庭总消费支出（cons），包含了中国家庭金融调查的 15 类消费支出，详见表 7.1。为分析金融资产财富效应对家庭不同类型消费支出的影响，我们根据消费支出的属性将 15 项支出分为食品消费支出（foodcons）、刚性消费支出（fixcons）和弹性消费支出（flexcons），并作为被解释变量进一步分析金融资产财富效应对不同类型消费支出的影响。

表 7.1　家庭消费支出结构及构成

消费类型	包含内容
食品消费支出	（1）食品支出（包含家庭伙食费支出、在外就餐支出及消费农产品折现）
刚性消费支出	（1）水电燃料及物管费支出；（2）日常用品支出；（3）交通费用开支；（4）通信费用支出；（5）暖气费支出；（6）家庭耐用品支出；（7）教育培训支出；（8）医疗保健支出。
弹性消费支出	（1）家政服务支出；（2）文化娱乐支出；（3）家庭成员购买衣物支出；（4）住房装修、维修或扩建费用；（5）奢侈品支出；（6）旅游支出；

资料来源：笔者根据相关理论描述整理。

我们根据金融资产的属性将核心解释变量分为两个：①储蓄性金融资产（saving），包括现金、银行活期和定期存款、股票账户内的现金余额。2015 年全样本中位数值 7 500 元，均值 60 102.64 元；2017 年全样本中位数 8 000 元，均值 59 173.55 元。②风险性金融资产（riskfin），包括理财类产品、债券、基金、股票和金融衍生品。2015 年全样本中位数 66 000 元，均值 211 042.6 元；2017 年全样本中位数 50 000 元，均值 333 899.4 元。

其他控制变量。考虑到家庭消费还受其他因素的影响，我们参考关于家庭金融资产财富效应已有文献，选取了如下控制变量：①家庭规模（hhsize），即家庭的人口数量。2015 年样本均值和中位数分别为 3.57 人和 3 人，显示大部分的家庭为三人家庭，但农村和城镇家庭样本均值分别为 4.12 人和 3.32 人；2017 年的均值和中位数分别是 3.44 人和 3 人。家庭规模的均值和中位数表明，城乡家庭规模有缩小的迹象，且城镇家庭规模小于农村家庭。②婚姻状况（marriage）。这是一个二值虚拟变量。2015 年和 2017 年均值都为 0.85，大部分样本为已婚家庭。③家庭年收入（income）。为保证数据的平稳性，家庭年收入以万元为单位。2015 年均值和中位数分别为 7.70 万元和 4.49 万元；2017 年均值和中位数分别为 8.89 万元和 5.38 万元。④是否拥有自有住房（house）。这是一个二值虚拟变量。2015 年拥有自有住房的家庭取值为 1，共有 31 779 户家庭，无住房（包括免费居住或租赁）取值为 0，共有 5 480 户家庭，样本均值为 0.85，即 85%的家庭拥有自有住房；2017 年拥有自有住房的共 33 746 户，样本均值为 0.84。⑤家庭是否有住房贷款（house_loan）。这是一个二值虚拟变量，包含银行贷款和民间贷款。2015 年有住房贷款的家庭取值为 1，共 5 564 户，无住房贷款的家庭取值为 0，共 28 269 户，样本均值为 0.16；2017 年有住房贷款的家庭共 6 273 户，无住房贷款的家庭共 33 738 户，样本均值为 0.16。⑥性别（gender）。这是一个二值虚拟变量①。2015 年男性取值为 1，共 20 320 人，女性取值为 0，共 16 969 人，均值为 0.54；2017 年男性 31 738 人，女性 8 272 人，样本均值为 0.79。⑦健康状况（health）。这是一个虚拟变量，根据主观判断取值范围为 1~5 分，分值越高则表明越健康。2015 年和 2017 年样本均值分别为 2.64 和 2.61。⑧年龄（age），主要指家庭财务决策者或户主的年龄。2015 年全样本的均值为 52.18 岁，中位数 52 岁；2017 年样本均值和中位数分别为 55.20 岁和 55 岁。⑨就业（employ）。这是一个二值虚拟变量。2015 年有工作（包含务农）的取值为 1，共 22 555 户，没有工作的取值为 0，共 14 291 户，全样本均值为 0.61。2017 年有工作的共 24 651 户，没有工作的共 15 346 户，样本均值为 0.62。⑩政治身份（political）。这是一个二值虚拟变量。2015 年党员和民主党派取值为 1，共 4 317 户，其他身份取值为 0，共 23 820 户，均值为 0.16。2017 年党员共 7 081 人，非党员 29 177 人，均值 0.19。⑪受教育程度（education）。这是一个虚拟变量，将文化程度从未上过学到博士研究生，分别取值 1~9。2015 年全样本均值为 3.41，中位数为 3；2017 年全样本均值和中位数分别为 3.43 和 3，表明平均文化程度为初中至高中。⑫金融知识（knowledge）②。这是一个虚拟变量，根据回答问题正确的数量取值为 0~3。2015 年全样本均值为 0.92，中位数为 1，2017 年全样本均值和中位数分别为 0.75 和 1，表明家庭整体金融知识较低。⑬风险态度（risk）。这是一个虚拟变量。2015 年全样本均值为 2.608 5，中位数为 3；2017 年样本均值和中位数分别是 2.59 和 3。2015 年和 2017 年数据都表明家庭是风险厌恶型，与传统经济假设一致。⑭社会保险（insurance）。这是一个二值虚拟变量，指家庭是否有社会医疗保险和商业医疗保险。2015 年有社会保

---

① 该变量 2015 年使用家庭财富决策者性别，2017 年采用家庭户主性别，受国内家庭户主以男性为主的影响，2017 年数据均值大于 2015 年。

② 该变量采用评分法对原始数据利率、通货膨胀、风险三个问题进行整理，回答正确的计为 1，错误或不知道的计为 0，然后将三个问题进行加总代表金融知识，取值 0~3 代表答对的题数，0 分代表全部答错或不知道，3 分表示全部答对。

险取值为 1，共有 24 986 户，无社会保险则取值为 0，共有 2 778 户，样本均值为 0.92；2017 年有社会保险的共 37 461 户，没有社会保险的共 2 550 户，样本均值为 0.94。

根据本书的研究需要，我们引入以下变量进行实证和检验：①家庭房产价值（housing）①。房产是家庭最主要的资产，检验金融资产的财富效应是否受房产的影响。②地区特征（region）。这是一个虚拟变量，根据入户调查家庭所在的地区，将东、中、西部分别取值为 1、2、3，因为各地区的消费习惯和金融生态更类似。③城乡特征（urban）。这是一个二值虚拟变量。2015 年城镇家庭取值为 1，共 25 635 户，农村家庭取值为 0，共 11 654 户，城镇家庭占比 68.75%；2017 年城镇家庭共 27 279 户，农村家庭共 12 732 户，城镇家庭占比 68.18%。

7.1.2.2 描述性统计

为了对家庭消费支出、金融资产及相关控制变量有一个直观的认识，我们在表 7.2 中详细列出了 2015 年和 2017 年相关变量的描述性统计。从表 7.2 中可以看出，2015 年家庭总消费支出、食品消费支出、刚性消费支出和弹性消费支出的均值分别为 64 885.61 元、30 216.55 元、23 865.34 元和 10 805.34 元，中位数分别为 45 432.02 元、24 000 元、13 960 元和 2 600 元，从全样本家庭消费支出结构的均值来看，食品支出占比 46.57%，刚性支出占比 36.78%，弹性支出占比 16.65%，食品消费仍然是家庭的主要支出内容。2017 年上述支出的均值分别为 69 866.68 元、29 675.47 元、30 036.78 元和 10 154.42 元，中位数分别为 4 922 元、24 000 元、17 400 元和 2 000 元，食品支出占比为 42.47%，刚性支出占比 42.99%，弹性支出占比 14.54%，食品消费支出有一定的下降，家庭刚性支出有一定的上升。但从微观家庭消费支出及其结构来看，家庭消费支出的差异较大。

---

① 该房产根据调查问卷数据整理得出，包括家庭持有住房及商铺的市场价值（不含租赁和免费居住的房产）。

表 7.2　描述性统计结果

变量名	变量定义	2015 年			2017 年		
		观测值/户	均值	中位数	观测值/户	均值	中位数
cons	总消费支出/元	37 289	64 885.61	45 432.02	40 011	69 866.68	49 221
foodcons	食品消费支出/元	37 289	30 216.55	24 000	40 011	29 675.47	24 000
fixcons	刚性消费支出/元	37 289	23 865.34	13 960	40 011	30 036.78	17 400
flexcons	弹性消费支出/元	37 289	10 805.34	2 600	40 011	10 154.42	2 000
saving	储蓄性金融资产/元	37 040	60 102.64	7 500	39 999	59 173.55	8 000
riskfin	风险性金融资产/元	4 651	211 042.6	66 000	6 301	157 955.4	50 000
hhsize	家庭规模/人	37 289	3.571 9	3	40 011	3.441 6	3
marriage	婚姻状况,已婚取 1,未婚取 0	37 236	0.853 3	1	39 966	0.852 8	1
income	家庭年收入/万元	37 289	7.696 7	4.492 3	40 011	8.890 2	5.375 5
house	是否有自有住房,有取 1,无取 0	37 259	0.852 9	1	39 986	0.843 9	1
house-loan	是否有住房贷款,有取 1,无取 0	33 833	0.164 5	0	40 011	0.156 8	0
gender	性别,男性取 1,女性取 0	37 289	0.544 9	1	40 010	0.793 3	1
health	健康状况,根据主观判断取值范围为 1~5	36 832	2.644 2	3	40 002	2.612 7	3
age	家庭财务决策者年龄/岁	37 275	52.177 1	52	39 984	55.202 3	55
employ	就业情况,有工作取 1,无工作取 0	36 846	0.612 1	1	39 996	0.616 3	1
political	政治身份,党员和民主党派取 1,其他取 0	37 213	0.159 5	0	36 258	0.195 3	0
education	受教育程度,从未上过学到博士研究生,分别取值 1~9	37 243	3.411 8	3	39 958	3.430 3	3
knowledge	金融知识,根据答对问题的数量取值 0~3	37 289	0.919 0	1	39 368	0.745 2	1
risk	风险态度,风险偏好取 1,风险中性取 2,风险厌恶取 3	33 483	2.608 5	3	34 675	2.593 6	3
Insurance	社会保险,有社保取 1,无社保取 0	36 566	0.921 7	1	40 011	0.936 3	1
urban	城乡特征,城镇取 1,农村取 0	37 289	0.687 5	1	40 011	0.681 8	1
region	地区特征,东部取 1,中部取 2,西部取 3	37 289	1.737 7	2	40 011	1.736 5	1

资料来源:笔者根据中国家庭金融调查 2015 年和 2017 年数据整理,为节省篇幅,以下数据如无特殊说明,均由笔者根据该调查数据整理。

在家庭金融资产持有方面，2015年家庭持有储蓄性金融资产的样本共37 040户，储蓄性金融资产的参与率为99.33%，均值和中位数分别为60 102.64元和7 500元，显示家庭储蓄差异较大。全样本持有风险性金融资产的家庭共4 651户，仅占12.47%，在这部分家庭中，其风险性金融资产配置的均值为211 042.6元，中位数为66 000元。在全样本家庭金融资产结构中，储蓄性金融资产和风险性金融资产的占比分别为69.40%和30.60%；但在持有风险性金融资产的4 651户中，风险性金融资产占比虽较全样本上升了18.47个百分点，但占比也只有49.07%，略低于储蓄性金融资产的50.93%。

2017年家庭持有储蓄性金融资产的样本共39 999户，储蓄性金融资产的参与率为99.97%，均值为59 173.55元，略有小幅下降，中位数为8 000元，增加500元。全样本持有风险性金融资产的家庭共6 301户，仅占15.75%。在这部分家庭中，其风险性金融资产配置的均值为157 955.4元，中位数为50 000元，均值和中位数均较2015年有所下降。

从2015年和2017年数据来看，储蓄性金融资产在城乡家庭中仍占主体，风险性金融资产参与可能性和深度仍然较低。但我们也发现，家庭一旦参与了风险性金融市场，在家庭金融资产结构中会配置更多的风险性金融资产。

7.2 实证结果与分析讨论

本节的主要目的是对家庭储蓄性和风险性金融资产财富效应进行实证研究，有两个目的：一是证实金融资产财富效应是否存在；二是探究这种财富效应是否具有异质性。为了达到这一目的，我们用CHFS 2015年和2017年数据，首先在全样本、城镇家庭和农村家庭中进行回归分析，并将家庭消费根据属性分为食品消费、刚性消费和弹性消费，然后在高低收入样本和地区样本中进行稳健性检验。

7.2.1 基本回归结果

7.2.1.1 基本回归结果
根据模型（7.1），我们用CHFS 2015年和2017年数据对家庭的金融资产财富效应进行实证，表 7.3 给出了主要解释变量和控制变量的回归结果。实证结果主要有以下发现：

（1）2015 年家庭储蓄性和风险性金融资产的回归系数分别为 0.034 7 和 0.014 1，显著水平均为 1%，即储蓄性和风险性金融资产每增加 1%，家庭总的消费支出分别增加 3.47% 和 1.41%。

（2）2017 年家庭储蓄性和风险性金融资产的回归系数分别为 0.602 0 和 0.013 0，显著水平均为 1%，即储蓄性和风险性金融资产每增加 1%，家庭总的消费支出分别增加 6.20% 和 1.30%。

2015 年和 2017 年回归结果表明，储蓄性和风险性金融资产均存在正向财富效应，验证了研究假说 7.1。

表 7.3　家庭金融资产财富效应

变量	2015 年		2017 年	
	系数	z-stats	系数	z-stats
lnsaving	0.034 7***	(18.31)	0.062 0***	(20.13)
lnriskfin	0.014 1***	(12.69)	0.013 0***	(9.38)
hhsize	0.090 5***	(30.68)	0.081 4***	(21.01)
marriage	0.157 9***	(11.26)	0.260 7***	(13.61)
lninc	0.130 9***	(29.33)	0.168 8***	(30.52)
house	0.111 8***	(7.20)	0.042 1***	(2.74)
house_loan	0.083 6***	(7.27)	0.166 1***	(11.67)
gender	−0.019 2***	(−2.20)	−0.125 7***	(−8.75)
health	0.007 4	(1.51)	0.091 9***	(15.32)
age	−0.005 7***	(−14.09)	−0.012 9***	(−25.00)
employ	0.033 3***	(3.33)	−0.193 3***	(−14.30)
political	0.043 6***	(3.80)	0.048 8***	(4.52)
education	0.040 5***	(12.46)	0.089 1***	(22.93)
knowledge	0.029 7***	(5.94)	0.044 9***	(6.69)
risk	−0.069 4***	(−10.23)	−0.047 6***	(−5.77)
insurance	0.058 0***	(3.24)	0.092 6***	(3.65)
α	10.119 6***	(206.33)	8.980 5***	(139.09)

表7.3(续)

变量	2015 年		2017 年	
	系数	z-stats	系数	z-stats
provFE	控制		控制	
N	28 777		28 777	
F 值	216. 58		216. 58	
R^2	0. 294 5		0. 294 5	

注：*** 、** 和 * 分别代表1%、5%和10%的显著水平，估计中控制了省份作为固定效应，为了节省篇幅，结果没有报告，以下相同。

接下来，我们根据模型（7.1），用 CHFS 2015 年和 2017 年数据分别对城乡家庭的金融资产财富效应进行实证，表 7.4 给出了主要解释变量和控制变量的回归结果。实证结果主要有以下发现：①2015 年城镇样本储蓄性和风险性金融资产回归系数分别为 0.036 4 和 0.013 4，显著水平均为 1%；农村样本储蓄性和风险性金融资产回归系数分别为 0.030 3 和 0.010 8，显著水平均为 1%。②2017 年城镇样本储蓄性和风险性金融资产回归系数分别为 0.057 6 和 0.011 4，显著水平均为 1%；农村样本储蓄性和风险性金融资产回归系数分别为 0.056 3 和 0.033 8，显著水平均为 1%。比较 2015 年和 2017 年城乡样本可以发现，金融资产的正向财富效应在城乡家庭中均存在。总体看，城镇家庭大于农村家庭，体现出城乡异质性，验证了研究假说 7.2。

表 7.4　家庭金融资产财富效应的城乡对比

变量	2015 年				2017 年			
	（1）城镇		（2）农村		（3）城镇		（4）农村	
	系数	z-stats	系数	z-stats	系数	z-stats	系数	z-stats
lnsaving	0. 036 4***	（16. 38）	0. 030 3***	（8. 69）	0. 057 6***	（16. 21）	0. 056 3***	（9. 38）
lnriskfin	0. 013 4***	（11. 77）	0. 010 8	（1. 54）	0. 011 4***	（7. 94）	0. 033 8***	（5. 64）
hhsize	0. 088 3***	（24. 57）	0. 091 6***	（17. 97）	0. 097 3***	（19. 16）	0. 082 4***	（13. 06）
marriage	0. 121 5***	（8. 07）	0. 262 6***	（7. 98）	0. 240 1***	（11. 39）	0. 288 6***	（6. 57）
lninc	0. 127 5***	（22. 87）	0. 130 0***	（16. 98）	0. 155 3***	（22. 94）	0. 147 6***	（16. 26）
house	0. 102 9***	（6. 36）	0. 162 4***	（3. 02）	0. 082 2***	（4. 98）	0. 043 4	（0. 97）
house_loan	0. 076 8***	（6. 16）	0. 118 9***	（4. 69）	0. 146 8***	（9. 07）	0. 215 1***	（7. 45）

表7.4(续)

变量	2015 年				2017 年			
	(1)城镇		(2)农村		(3)城镇		(4)农村	
	系数	z-stats	系数	z-stats	系数	z-stats	系数	z-stats
gender	−0.031 5 ***	(−3.30)	0.036 0 *	(1.86)	−0.092 0 ***	(−6.03)	−0.134 2 ***	(−3.34)
health	−0.004 7	(−0.84)	0.029 9 ***	(3.15)	0.094 3 ***	(13.23)	0.108 3 ***	(9.94)
age	−0.004 9 ***	(−10.71)	−0.008 6 ***	(−10.35)	−0.010 6 ***	(−17.65)	−0.018 2 ***	(−17.04)
employ	−0.016 7	(−1.46)	0.184 9 ***	(8.14)	−0.134 3 ***	(−8.58)	−0.111 5 ***	(−3.97)
political	0.035 4 ***	(2.90)	0.054 8 *	(1.96)	0.020 6 *	(1.67)	0.072 4 ***	(3.37)
education	0.046 2 ***	(13.04)	0.023 3 **	(2.50)	0.081 5 ***	(19.10)	0.059 3 ***	(5.22)
knowledge	0.023 4 ***	(4.27)	0.045 3 ***	(4.04)	0.027 6 ***	(3.62)	0.056 9 ***	(4.05)
risk	−0.075 8 ***	(−10.17)	−0.052 1 ***	(−3.54)	−0.054 1 ***	(−5.79)	−0.049 0 ***	(−2.88)
insurance	0.031 2	(1.59)	0.110 7 ***	(2.79)	0.081 9 ***	(2.94)	0.132 9 **	(2.41)
α	10.226 5 ***	(190.90)	9.618 3 ***	(73.61)	8.947 3 ***	(125.45)	8.950 5 ***	(53.20)
provFE	控制		控制		控制		控制	
N	19 877		8 900		20 452		8 340	
F 值	158.62		60.41		157.34		56.99	
R^2	0.318 4		0.250 5		0.280 2		0.242 3	

注:***、** 和 * 分别代表 1%、5% 和 10% 的显著水平,估计中控制了省份作为固定效应,为了节省篇幅,结果没有报告,以下相同。

此外,我们还发现,不管是全样本还是城乡子样本,储蓄性金融资产的财富效应均显著大于风险性金融资产。其他控制变量,如婚姻状况、家庭收入和房产情况对城乡家庭金融资产财富效应的大小也有显著影响。

7.2.1.2 不同消费类别回归

为了进一步测度家庭金融资产财富效应对不同类型消费支出的影响,我们根据表 7.1 的分类,对家庭食品消费、刚性消费、弹性消费,分别用 2015 年和 2017 年数据在全样本进行回归,表 7.5 是 2015 年数据的回归结果。可以看出,储蓄性金融资产每增加 1%,家庭食品消费、刚性消费和弹性消费支出分别增加 3.65%、3.9% 和 13.06%;风险性金融资产每增加 1%,家庭食品消费、刚性消费和弹性消费支出分别增加 0.29%、1.62%和 2.8%。

表 7.5　家庭金融资产财富效应（分消费类别）（2015 年）

表 7.5　家庭金融资产财富效应（分消费类别）（2015 年）

变量	（1）食品消费		（2）刚性消费		（3）弹性消费	
	系数	z-stats	系数	z-stats	系数	z-stats
lnsaving	0.036 5***	（12.29）	0.039 0***	（16.58）	0.130 6***	（25.64）
lnriskfin	0.002 9**	（2.20）	0.016 2***	（11.22）	0.028 0***	（11.25）
provFE	控制		控制		控制	
N	28 777		28 777		28 777	
F 值	82.52		214.27		287.42	
R^2	0.147 1		0.276 3		0.355 0	

注：***、**和*分别代表 1%、5% 和 10% 的显著水平，估计中控制了省份作为固定效应，为了节省篇幅，只报告了储蓄性和风险性金融资产这两个解释变量的估计系数，其他变量没有报告。

表 7.6 是 2017 年数据的回归结果。可以看出，储蓄性金融资产每增加 1%，家庭食品消费、刚性消费和弹性消费支出分别增加 4.32%、6.20% 和 13.08%；风险性金融资产每增加 1%，家庭食品消费、刚性消费和弹性消费支出分别增加 0.31%、1.30% 和 3.98%。

表 7.6　家庭金融资产财富效应（分消费类别）（2017 年）

变量	（1）食品消费		（2）刚性消费		（3）弹性消费	
	系数	z-stats	系数	z-stats	系数	z-stats
lnsaving	0.043 2***	（16.89）	0.062 0***	（20.13）	0.130 8***	（26.52）
lnriskfin	0.003 1***	（3.02）	0.013 0***	（9.38）	0.039 8***	（17.60）
provFE	控制		控制		控制	
N	28 802		28 792		26 452	
F 值	142.87		262.24		345.59	
R^2	0.185 8		0.307 5		0.363 6	

注：***、**和*分别代表 1%、5% 和 10% 的显著水平，估计中控制了省份作为固定效应，为了节省篇幅，只报告了储蓄性和风险性金融资产这两个解释变量的估计系数，其他变量没有报告。

从 2015 年和 2017 年不同消费类别回归结果可以发现：①从整体来看，金融资产财富效应对三种类型消费支出的回归系数均在 1% 显著水平下为正，表明储蓄性和风险性金融资产对家庭食品消费、刚性消费、弹性消费均有显著的财富效应，再次支持金融资产财富效应的存在性。②从回归系数的大小来看，金融资产的财富效应对食品消费支出的影响最小，对刚性消费支出的影响次之，对弹性消费支出的影响最大，即当金融资产价值变化时，家庭食品消费支出和刚性消费支出变化相对较小，家庭文化娱乐、旅游类弹性支出变化更大，验证了研究假说 7.3。③储蓄性金融资产的财富效应均大于风险性金融资产。

7.2.1.3 高低收入样本比较

为了衡量不同收入层次与家庭金融资产财富效应的关系，我们参考 Guiso 等的做法，以全样本收入的中位数为临界值，将样本分为低收入样本和高收入样本，对食品支出、刚性支出和弹性支出分别在高、低收入样本进行回归，进一步研究家庭金融资产对不同收入群体的影响。

2015 年家庭收入的中位数为 4.492 3 万元，表 7.7 给出了回归结果。

表 7.7　家庭金融资产财富效应（高低收入样本）（2015 年）

变量	消费支出		食品支出		刚性支出		弹性支出	
	低收入	高收入	低收入	高收入	低收入	高收入	低收入	高收入
lnsaving	0.031 7 ***	0.028 8 ***	0.038 1 ***	0.028 0 ***	0.034 9 ***	0.032 9 ***	0.143 4 ***	0.088 8 ***
	(11.54)	(11.28)	(8.70)	(7.97)	(10.09)	(10.58)	(17.86)	(15.12)
lnriskfin	0.020 9 ***	0.008 5 ***	0.009 6 ***	0.002 0 ***	0.024 6 ***	0.009 9 ***	0.039 3 ***	0.026 4 ***
	(7.15)	(7.13)	(2.85)	(1.44)	(6.46)	(6.24)	(5.50)	(10.31)
provFE	控制		控制		控制		控制	
N	12 878	15 899	12 878	15 899	12 878	15 899	12 878	15 899
F 值	63.42	99.93	38.69	32.36	61.74	95.01	91.07	137.24
R²	0.215 3	0.229 2	0.149 3	0.089 4	0.195 1	0.213 3	0.253 2	0.279 7

注：***、** 和 * 分别代表 1%、5% 和 10% 的显著水平，估计中控制了省份作为固定效应，为了节省篇幅，只报告了储蓄性和风险性金融资产这两个解释变量的估计系数，其他变量没有报告。

2017 年家庭收入的中位数为 5.375 5 万元，表 7.8 给出了回归结果。

表 7.8　家庭金融资产财富效应（高低收入样本）（2017 年）

变量	消费支出		食品支出		刚性支出		弹性支出	
	低收入	高收入	低收入	高收入	低收入	高收入	低收入	高收入
lnsaving	0.066 6 ***	0.036 9 ***	0.053 4 ***	0.021 9 ***	0.066 6 ***	0.036 9 ***	0.138 2 ***	0.091 3 ***
	(14.17)	(9.27)	(13.20)	(6.70)	(14.17)	(9.27)	(18.39)	(13.97)
lnriskfin	0.026 1 ***	0.007 4 ***	0.003 2	0.003 0 ***	0.026 1 ***	0.007 4 ***	0.059 9 ***	0.029 6 ***
	(7.07)	(4.97)	(1.15)	(2.70)	(7.07)	(4.97)	(9.88)	(12.04)

表7.8(续)

变量	消费支出		食品支出		刚性支出		弹性支出	
	低收入	高收入	低收入	高收入	低收入	高收入	低收入	高收入
provFE	控制		控制		控制		控制	
N	13 104	15 688	13 114	15 688	13 104	15 688	11 234	15 218
F 值	70.58	104.56	64.32	43.63	70.58	104.56	70.08	146.19
R^2	0.203 4	0.225 3	0.177 6	0.112 6	0.203 4	0.225 3	0.215 4	0.286 1

注：***、**和*分别代表1%、5%和10%的显著水平，估计中控制了省份作为固定效应，为了节省篇幅，只报告了储蓄性和风险性金融资产这两个解释变量的估计系数，其他变量没有报告。

从2015年和2017年的回归结果我们可以发现：①不管是低收入样本还是高收入样本，储蓄性和风险性金融资产的回归系数均在1%显著水平下为正，表明金融资产的财富效应在高、低收入群体中均显著存在；②金融资产的财富效应对食品支出的影响最小，对刚性支出的影响次之，对弹性支出的影响最大，这一现象在高、低收入家庭中均存在；③储蓄性金融资产的财富效应显著大于风险性金融资产，金融资产财富效应在低收入家庭中显著大于高收入家庭，且这种现象在食品支出、刚性支出和弹性支出中均存在。

7.2.2 城乡比较分析

基于我国存在明显的城乡二元特征，我们进一步将不同类型的消费支出进行城乡对比。表7.9给出了2015年数据的回归结果。

表 7.9 城乡家庭金融资产财富效应对比（按消费类别）（2015年）

变量	(1) 食品消费		(2) 刚性消费		(3) 弹性消费	
	城镇	农村	城镇	农村	城镇	农村
lnsaving	0.003 0***	0.041 7***	0.038 5***	0.027 5***	0.117 6***	0.124 3***
	(10.88)	(7.61)	(13.76)	(6.65)	(19.86)	(13.25)
lnriskfin	0.004 0***	-0.001 2	0.015 1***	0.017 9**	0.030 7***	0.028 5**
	(3.09)	(-0.14)	(10.05)	(2.42)	(12.10)	(2.27)
provFE	控制		控制		控制	
N	19 877	8 900	19 877	8 900	19 877	8 900
F 值	63.76	35.03	126.69	48.27	178.82	65.62

表7.9(续)

变量	（1）食品消费		（2）刚性消费		（3）弹性消费	
	城镇	农村	城镇	农村	城镇	农村
R^2	0.153 6	0.183 8	0.254 2	0.210 2	0.343 2	0.273 9

注：***、** 和 * 分别代表1%、5%和10%的显著水平，估计中控制了省份作为固定效应，为了节省篇幅，只报告了储蓄性和风险性金融资产这两个解释变量的估计系数，其他变量没有报告。

表7.10 给出了2017年数据的回归结果。

表7.10 城乡家庭金融资产财富效应对比（按消费类别）（2017年）

变量	（1）食品消费		（2）刚性消费		（3）弹性消费	
	城镇	农村	城镇	农村	城镇	农村
lnsaving	0.039 2***	0.055 0***	0.057 6***	0.056 3***	0.125 8***	0.128 8***
	(14.86)	(9.21)	(16.21)	(9.38)	(21.44)	(14.24)
lnriskfin	0.004 2***	-0.001 0	0.011 4***	0.033 8***	0.036 4***	0.065 7***
	(4.16)	(-0.17)	(7.94)	(5.64)	(15.32)	(6.58)
provFE	控制		控制		控制	
N	20 458	8 344	20 452	8 340	19 192	7 260
F 值	119.25	46.84	157.34	56.99	211.95	58.01
R^2	0.219 0	0.199 7	0.280 2	0.242 3	0.333 8	0.263 3

注：***、** 和 * 分别代表1%、5%和10%的显著水平，估计中控制了省份作为固定效应，为了节省篇幅，只报告了储蓄性和风险性金融资产这两个解释变量的估计系数，其他变量没有报告。

2015 年和 2017 年城乡样本的回归结论与全样本基本一致，除了风险性金融资产对农村家庭食品消费支出的影响不显著外，储蓄性金融资产和风险性金融资产对不同类型消费支出均有显著的正向作用；储蓄性金融资产的财富效应大于风险性金融资产；整体上，金融资产财富效应对食品消费的影响最小，对刚性消费的影响次之，对弹性消费的影响最大。值得注意的是，虽然金融资产总的财富效应是城镇大于农村，但具体不同类型的消费支出也存在一些城乡差异，如储蓄性金融资产对食品消费支出的影响就存在农村明显大于城镇的证据。

7.2.3　内生性讨论

内生性问题在本书中存在的可能性较小，主要有三方面原因：第一，本书模型控制变量的筛选经过由多到少，逐项剔除了回归不显著的解释变量，尽量避免遗漏变量导致的内生性，通过控制变量的增加来减少内生性的影响，以期能更准确地估计家庭金融资产的财富效应。第二，核心解释变量和控制变量均是基于已有的大量研究成果来进行筛选的，收入、受教育程度、婚姻状况等变量对家庭金融资产的财富效应有重要影响，本书在模型中加入了这些起主要影响力的解释变量，即已经控制住了重要的影响因素，目的是研究家庭储蓄性和风险性金融资产本身的财富效应。第三，本节研究的核心问题是家庭储蓄性和风险性金融资产的财富效应，即金融资产价值变化对消费支出的影响。金融资产的价值增减主要取决于宏观金融市场，微观家庭的消费对宏观金融市场的影响微乎其微。因而，金融资产价值变化影响家庭消费，但家庭消费不会影响金融资产价值的变化，即两者不存在反向因果关系。

7.3　稳健性检验与结果分析

接下来，为了提高上述研究结论的可靠性，我们对实证结果进行稳健性检验，并就形成城乡家庭金融资产财富效应及其异质性的原因进行深入讨论。

7.3.1　稳健性检验

7.3.1.1　稳健性检验之一：考虑家庭房产价值

根据西南财经大学发布的《2018 中国城市家庭财富健康报告》，中国家庭住房资产在家庭总资产中占比 77.7%，远高于美国的 34.6%。房产作为家庭最主要的资产，既是家庭的耐用消费品，为家庭长期提供居住服务，也是投资品，为家庭资产保值增值提供投资渠道。特别是房产作为投资品可以通过银行按揭贷款提高家庭财务杠杆，这也是我国"炒房"现象普遍存在的重要原因。一方面，房产的投资属性对家庭金融资产具有显著的挤出效应；另一方面，在国内房产价格快速上升的过程中，房产账面价值大幅增加形成的财富效应，刺激家庭增加消费支出。综上所述，房产是家庭最主要的资产。为了检验金融资产的财富效应是否受房产的影响，我们引入家庭房产价值（housing），并取对数作为解释变量进行回归。

表 7.11 给出了 2015 年回归结果。从回归结果来看，全样本中家庭房产价值与家庭消费支出的回归系数为 0.008 7，在 1% 显著水平下正相关，即城乡家庭房产价值每提高 1%，家庭消费支出增加 0.87%，验证了房产对家庭消费的财富效应。但与未引入房产价值的回归结构相比，家庭储蓄性金融资产和风险性金融资产回归系数并没有显著的变化，在全样本和城镇样本中，金融资产的财富效应仍然在 1% 显著水平下为正。2017 年数据的回归结果与 2015 年基本相似，基于篇幅考虑未单独列出。回归结果表明，即便在考虑房产价值后，家庭金融资产仍存在显著的财富效应，故家庭金融资产的财富效应估计结果是稳健的。

表 7.11　家庭金融资产财富效应（加入房产因素）（2015 年）

变量	全样本		城镇		农村	
	系数	z-stats	系数	z-stats	系数	z-stats
lnsaving	0.034 6***	（18.36）	0.036 8***	（16.66）	0.030 2***	（8.67）
lnriskfin	0.013 9***	（12.54）	0.013 3***	（11.69）	0.009 2	（1.31）
lnhousing	0.008 7***	（13.22）	0.008 3***	（11.76）	0.008 9***	（5.77）
provFE	控制		控制		控制	
N	28 783		19 882		8 901	
F 值	221.15		163.12		61.05	
R²	0.297 4		0.321 6		0.252 7	

注：***、**和*分别代表 1%、5% 和 10% 的显著水平，估计中控制了省份作为固定效应，为了节省篇幅，只报告了储蓄性和风险性金融资产这两个解释变量的估计系数，其他变量没有报告。

我们用同样的方法，对食品支出、刚性支出和弹性支出在全样本进行检验，表 7.12 给出了回归结果，验证了金融资产价值变化对各种类型的消费支出均有财富效应。从回归系数来看，房产价值财富效应对食品支出的影响最小，对刚性支出的影响次之，对弹性支出的影响最大，与金融资产财富效应类似。但房产价值的引入，并没有对金融资产财富效应回归系数产生显著影响，因而，金融资产对各种类型消费支出的财富效应估计是稳健的。

表 7.12　家庭金融资产财富效应分消费类型（加入房产因素）（2015 年）

变量	(1) 食品支出		(2) 刚性支出		(3) 弹性支出	
	系数	z-stats	系数	z-stats	系数	z-stats
lnsaving	0.036 4***	(12.98)	0.038 9***	(16.62)	0.130 6***	(25.72)
lnriskfin	0.002 8**	(2.14)	0.015 9***	(11.02)	0.027 3***	(10.99)
lnhousing	0.007 2***	(8.21)	0.008 4***	(10.21)	0.016 8***	(10.25)
provFE	控制		控制		控制	
N	28 783		28 783		28 783	
F 值	83.76		217.64		289.69	
R²	0.147 5		0.278 8		0.357 2	

注：***、**和*分别代表 1%、5%和 10%的显著水平，估计中控制了省份作为固定效应，为了节省篇幅，只报告了储蓄性和风险性金融资产这两个解释变量的估计系数，其他变量没有报告。

7.3.1.2　稳健性检验二：考虑家庭所在的地区特征

本书采用可能影响家庭金融资产财富效应的地区变量进行稳健性检验，因为地区变量与经济状况、消费习惯和偏好、消费文化、金融生态、金融环境和制度等众多因素高度相关。我们通过样本的地区特征，进一步检验了家庭金融资产财富效应。表 7.13 根据样本数据采集的省（区、市）来源对地区变量进行了说明。

表 7.13　地区变量说明

变量取值	变量取值含义	观测值/户	包含的地区
1	东部	18 642	北京、天津、河北、辽宁、上海、江苏、浙江、福建、山东、广东、海南
2	中部	9 787	山西、吉林、黑龙江、安徽、江西、河南、湖北、湖南
3	西部	8 860	内蒙古、广西、重庆、四川、贵州、云南、陕西、甘肃、青海、宁夏

表 7.14 给出了用 2015 年数据进行稳健性检验的估计结果，为了节省篇幅，只报告了关注变量，控制变量的结果没有报告。

表 7.14　家庭金融资产财富效应（考虑家庭所在地区）（2015 年）

消费类型	变量名称	（1）东部		（2）中部		（3）西部	
		系数	z-stats	系数	z-stats	系数	z-stats
消费支出	lnsaving	0.037 1 ***	（13.90）	0.028 6 ***	（7.95）	0.037 5 ***	（9.32）
	lnriskfin	0.013 9 ***	（10.07）	0.016 0 ***	（6.00）	0.009 4 ***	（3.52）
食品支出	lnsaving	0.035 4 ***	（10.24）	0.035 8 ***	（5.44）	0.038 7 ***	（7.06）
	lnriskfin	0.004 0 ***	（2.61）	0.005 0	（1.60）	−0.004 8	（−1.34）
刚性支出	lnsaving	0.041 0 ***	（12.25）	0.036 0 ***	（8.06）	0.038 6 ***	（7.87）
	lnriskfin	0.015 7 ***	（8.53）	0.018 4 ***	（5.44）	0.014 3 ***	（4.29）
弹性支出	lnsaving	0.109 4 ***	（16.08）	0.140 8 ***	（13.99）	0.153 5 ***	（13.60）
	lnriskfin	0.033 2 ***	（10.71）	0.027 0 ***	（4.51）	0.027 5 ***	（4.76）

注：***、** 和 * 分别代表 1%、5% 和 10% 的显著水平，估计中控制了省份作为固定效应，为了节省篇幅，只报告了储蓄性和风险性金融资产这两个解释变量的估计系数，其他变量没有报告。

表 7.15 给出了用 2017 年数据进行稳健性检验的估计结果，为了节省篇幅，只报告了关注变量，控制变量的结果没有报告。

表 7.15　家庭金融资产财富效应（考虑家庭所在地区）（2017 年）

消费类型	变量名称	（1）东部		（2）中部		（3）西部	
		系数	z-stats	系数	z-stats	系数	z-stats
消费支出	lnsaving	0.054 5 ***	（16.42）	0.052 5 ***	（11.26）	0.050 9 ***	（10.55）
	lnriskfin	0.012 1 ***	（9.18）	0.013 9 ***	（5.55）	0.009 3 ***	（3.60）
食品支出	lnsaving	0.039 8 ***	（11.84）	0.054 8 ***	（10.23）	0.037 5 ***	（6.74）
	lnriskfin	0.004 2 ***	（3.46）	−0.000 5	（−0.21）	−0.001 3	（−0.47）
刚性支出	lnsaving	0.062 4 ***	（14.37）	0.051 0 ***	（8.37）	0.070 2 ***	（11.18）
	lnriskfin	0.012 3 ***	（7.09）	0.018 8 ***	（5.85）	0.008 9 ***	（2.65）
弹性支出	lnsaving	0.130 4 ***	（18.47）	0.136 2 ***	（14.62）	0.121 9 ***	（11.95）
	lnriskfin	0.038 5 ***	（13.39）	0.041 9 ***	（8.41）	0.040 5 ***	（7.31）

注：***、** 和 * 分别代表 1%、5% 和 10% 的显著水平，估计中控制了省份作为固定效应，为了节省篇幅，只报告了储蓄性和风险性金融资产这两个解释变量的估计系数，其他变量没有报告。

从 2015 年和 2017 年的回归结果来看，除了风险性金融资产在中、西部的财富效应对食品支出的影响不显著外，家庭储蓄性和风险性金融资产回归系数均在1%显著水平下为正，表明均存在正向的财富效应。整体来看，储蓄性金融资产的财富效应大于风险性金融资产；金融资产的财富效应对不同消费类型支出的影响差异明显，对食品消费支出的影响最小，对刚性支出的影响次之，对弹性支出的影响最大，与本书结论一致。我们还发现，金融资产财富效应在食品支出和刚性支出上地区差异不大，但弹性消费支出呈现显著的地区差异。估计系数及显著水平表明，家庭金融资产对消费支出存在显著的财富效应，因而前面的估计是稳健的。

7.3.2 结果分析

储蓄性和风险性金融资产在家庭资产结构中的占比越来越高，这既是微观家庭经济发展的基本趋势，也是宏观金融和社会发展的内生动力。金融资产投资收益作为重要的财产性收入，改善了家庭的收入消费结构，对宏观经济增长有促进作用。本书使用 CHFS 数据，对家庭储蓄性和风险性金融资产的财富效应进行实证研究，并结合稳健性检验，证实了金融资产存在显著的财富效应，发现了财富效应具有明显的异质性。

首先，金融资产在城乡家庭中的财富效应，主要通过直接效应和间接效应来反映。在直接效应方面，家庭通过持有金融资产能够获得投资收益，这些投资收益作为家庭财产性收入的主要组成部分，提高了家庭的收入水平。收入是影响家庭消费的核心因素，因而，投资收益带来的收入增加，能够促进家庭的各项消费支出。家庭收入是财富积累和消费储蓄的来源，收入的多少决定了消费和储蓄的总量，一般来说，家庭收入与消费总体呈正相关关系。在间接效应方面，金融资产价格的上涨，传递了经济增长或企业发展的预期，提高了金融市场的流动性和资金的配置效率，并通过金融市场转化为社会投资，从而推动宏观经济的增长。

其次，储蓄性金融资产的财富效应大于风险性金融资产，原因有以下几个方面：一是我国家庭在长期儒家思想的影响下，形成了低风险储蓄的天然偏好。特别是大部分中低收入群体，将消费后的剩余资金只用于低风险的储蓄性金融资产，基本不会持有风险性金融资产。二是我国风险性金融市场发展时间短，风险性金融产品在城乡家庭中的普及程度不高，且以股票市场为主的风险性金融市场长期宽幅震荡，牛短熊长，没有形成风险性金融资产财富保值增值的示范效应。同时，与储蓄性金融资产相比，风险性金融资产专业技能要求更高，大部分家庭也缺乏风险投资的金融知识，因而主动选择不持有风险性金融资产。三是从我国家庭的储蓄动机来看，预防性储蓄和目标性储蓄是储蓄最主要的两大目的，而这两种储蓄更看重资产的安全性。如教育、医疗、购房等储蓄目标，一般不确定性大，家庭更不愿意承担资金损失的风险。

再次，城镇家庭金融资产财富效应大于农村家庭。城镇家庭往往从事第二产业、第三产业，工作和收入的稳定性更高，风险承受力更强，获得金融供给的可能性更大，消费观念更激进，因而，金融资产增值带来的财富效应更大。农村家庭更多从事第一产业，收入风险更高，且农村家庭自给自足的意识更强，消费观念更为保守，大部分日常生活消费通过家庭从事的农业活动就可以直接满足，因而金融资产的财富效应更小。

最后，金融资产财富效应对食品消费支出的影响最小，对刚性消费支出的影响次之，对弹性消费支出的影响最大。这与经济理论完全一致。食品消费和刚性消费是家庭日常生活的基本支出，这类支出的弹性更小，金融资产价值增加促进消费的边际作用小，对诸如家政、文化、奢侈品、旅游等消费的促进影响更大。

上述研究结论证实，金融资产财富效应能显著促进家庭消费支出，但不同家庭、不同类型的消费有明显异质性。国际贸易环境有恶化的趋势，新型冠状病毒感染疫情在全球持续蔓延，出口拉动经济增长的不确定性增大，以往过于依赖出口拉动经济增长的模式受到明显的负面影响。认清国内家庭消费对经济增长的拉动作用，通过提高消费信心，刺激国内家庭消费，真正发挥消费拉动经济增长的作用，既是经济增长方式转型的必然选择，也是改善家庭消费支出结构的重要途径。但我国地区经济发展不均衡，存在城乡收入差距大的二元现实格局。应深入研究如何发挥金融市场的财富效应，根据财富效应的异质性实施差异化的消费激励政策，以优化各层次微观家庭的收入消费结构，促进宏观经济的持续稳定增长。

8 研究结论与政策建议

自改革开放以来，随着宏观经济的持续增长和金融市场的改革发展，微观家庭收入不断增长，财富不断积累，为家庭参与金融资产选择及进行多元化配置创造了基础条件。但我国人民长期受儒家文化熏陶所形成的储蓄偏好及家庭面对多种不确定性条件所形成的预防性储蓄动机，导致城乡家庭储蓄率高，住房、教育等目标性储蓄需求强烈，对家庭消费产生了显著的挤出效应，使家庭消费不足并严重制约了我国宏观经济增长及微观家庭金融资产选择的多元化。特别是在当前经济形势面临内外双重不确定性条件下，微观家庭的储蓄和消费行为对宏观经济的促进作用还有待进一步加强，家庭消费对经济增长的基础性作用没有得到完全发挥。正是基于这一背景，本书借鉴了家庭金融资产选择相关经典理论并构建了研究框架，梳理了国内外关于微观家庭金融的研究成果，对家庭金融及财富效应相关概念进行界定，建立了本书的研究方向和目标。基于中国家庭金融调查2015 年和 2017 年数据，对我国城乡家庭金融资产选择现状、家庭储蓄率、金融资产选择及其财富效应进行了较深入的探讨。本章重点对前面的研究结果进行归纳和总结，并在此基础上就家庭金融资产选择及财富效应提出政策建议，目的是通过总结实证研究成果释放的政策信息，为优化家庭金融资产选择，改善家庭消费，促进经济内循环提供决策参考。最后，本书将结合自身研究的一些体会对未来的研究进行展望。

8.1 研究结论

金融资产在家庭资产结构中的占比越来越高，这既是宏观金融和社会发展的内生动力，也是微观家庭经济发展的基本趋势。金融资产投资收益作为重要的财产性收入来源，对于优化城乡家庭收入和消费结构，促进宏观经济增长有积极作用。当前，我国城乡家庭在儒家文化熏陶下形成了储蓄偏好，同时住房、医疗、教育的市场化改革，提高了家庭预防性储蓄需求，多种因素推高了城乡家庭的储蓄率。城乡家庭过高的储蓄率，对家庭消费形成了明显的挤出效应，导致国内消费不足，这一问题始终是困扰我国经济增长和政策制定的隐性障碍。特别是在当前国际贸易争端频发、逆全球化趋势日益明显的背景下，提高国内城乡家庭消费是促进经济内循环的基础。但是，在家庭金融资产结构中，呈现出储蓄性金融资产占主体、风险性金融资产配置较低的情况，这种相对单一的金融资产结构，制约了家庭财产性收入的增长。因而，本书用 CHFS 调查数据，以城乡家庭金融资产选择及财富效应为研究视角，按照理论分析、实证研究、政策措施的研究框架，得出以下主要研究结论：

（1）我国城乡家庭金融资产选择存在明显的储蓄化和单一化，风险金融资产配置较低的共性特征，需要政策引导家庭资产向金融资产配置倾斜，家庭金融资产组合向多元化发展，重视家庭资产和收入结构优化、减少导致城乡收入差距的金融因素的影响。

家庭金融资产选择是地区储蓄文化、金融制度、社会保障等多因素长期作用的结果。整体来看，我国城乡家庭均偏好储蓄性金融资产，资产组合表现得比较单一，储蓄性金融资产以银行活期、定期存款为主，风险性金融资产以理财类产品、股票为主。储蓄化、单一化、风险性金融资产"有限参与"是我国家庭普遍存在的共性问题。产生上述这种现象及城乡异质性的原因是多方面的。一是从历史封建经济体制来看，我国在长期的封建社会中形成了自给自足的社会经济结构特征，并受儒家文化倡导的勤俭节约思想影响，形成了家庭抑制消费和储蓄的偏好，甚至抚养子女都带有一定的储蓄目的，即"养儿防老"。二是我国长期实行"重农抑商"政策，工商业落后，导致社会既缺乏高收益的商业来支撑风险性金融资产的回报，没有形成风险性金融市场机制，家庭小规模的农业生产也没有产生更多的储蓄积累。在中华人民共和国成立后至改革开放前，计划经济环境下的家庭储蓄的主要方式仍是银行存款或国债，也没有风险性金融资产投资的渠道。三是我国住房、医疗、教育、养老改革，增加了家庭的支出负担，家庭的预防性储蓄动机增强，风险承担能力较低，因而家庭大量的资源流向房产和储蓄，导致家庭金融资产配置的储蓄化特征明显。虽然随着金融改革和家庭投资意识的增加，家庭风险性金融资产配置比例逐年提高，但与发达国家相比，还有很大的提升空间。

城乡家庭金融资产选择的这些共性特征和差异，对拓宽家庭财产性收入有两个影响：一是财产性收入来源单一。财产性收入来源多元化的前提是家庭资产组合的多元化。金融资产组合是家庭资产结构的重要组成部分，我国城乡家庭金融资产结构的单一化，必然导致金融资产投资收入的单一化。二是财产性收入增长空间有限。储蓄性金融资产虽然风险低，但投资收益空间也有限。风险性金融资产的收益与风险呈正比关系。城乡家庭偏好储蓄性金融资产，风险性金融资产的"有限参与"严重制约了投资收益的增长空间。这两方面的影响制约了家庭收入结构的优化和消费的持续增长，不利于推动经济内循环。因而，引导家庭资源向金融化转移，促进家庭金融资产参与及多元化配置，优化家庭的资产结构，是拓宽家庭收入渠道的重要前提。

（2）信贷约束降低了家庭储蓄率，通过制约家庭金融资产选择的资金来源，影响家庭金融资产选择及多元化配置。金融深化发展不足仍然制约了城乡家庭金融可得性，信贷约束是大部分城乡家庭面临的现实问题，但信贷约束更多的是由家庭信贷需求抑制导致的。提高城乡家庭金融素养和加速金融深化发展，降低家庭信贷约束，缓解预防性储蓄动机，是建立普惠金融体系、推动城乡消费、实现经济内循环的基础。

实证结果表明，从不同储蓄率定义来看，我国城乡家庭储蓄率均处于较高的水平，信贷约束对城乡家庭储蓄率均有显著的负向影响，且这种显著的负向影响有较大的城乡异质性，制约了家庭金融资产选择的资金来源。将信贷约束分为需求型和供给型后进一步分析可以发现，需求型信贷约束对家庭储蓄率有显著的负向影响，供给型信贷约束有负向影响但并不显著，且这种结论在城乡家庭均存在，整体上需求型信贷约束在城乡家庭占主导。部分信贷约束对家庭储蓄率的负面影响较绝对信贷约束更大，其原因是当家庭获得借款后仍面临部分信贷约束时，更倾向于通过减少家庭储蓄来解决剩下的信贷约束，而当家庭面临绝对信贷约束不能获得任何资金支持时，存在抑制需求以回避信贷约束的可能性，降低了对家庭储蓄率的负面影响。信贷约束对低储蓄率家庭的影响更大，随着家庭储蓄率的上升，家庭信贷约束的负向影响逐渐降低。

信贷约束虽然对城乡家庭储蓄率均有显著的负面影响，但这种负面影响主要是因为家庭信贷约束的存在，使家庭难以通过金融贷款的方式满足家庭生产经营需要，表现为对城乡家庭储蓄资源的挤出效应。城乡家庭产生信贷约束的主要原因是金融深化发展不足、家庭金融素养不高。在金融深化方面，我国正规信贷市场仍然以商业银行为主，家庭信贷存在产品单一、注重抵（质）押品、信贷准入及审批流程不公开透明、存在一定的信贷寻租的特点，导致家庭正规金融可得性较低。非正规金融虽然在一定程度上解决了正规金融可得性低的问题，但存在操作不规范、融资成本高的问题。在家庭金融素养方面，大多数家庭金融知识欠缺、金融素养不高，当家庭产生信贷需求时，由于不熟悉贷款产品和审批要求，许多家庭主动放弃申请贷款，抑制了自身金融需求。

深化金融城乡一体化发展，提高家庭金融素养，有利于降低家庭信贷约束，释放家庭的储蓄资源，为家庭参与金融资产选择、实现金融资产组合的多元化配置提供更多的资金来源。现代化金融体系的构建，在发展现代商业银行的同时，加大力度支持中小银行和农村信用社持续健康发展，改革优化政策性金融。坚持"房住不炒"政策，完善多层次的社会保障体系，降低家庭预防性储蓄。只有家庭信贷约束可能性和深度降低了，家庭才能通过金融市场顺利实现资产的跨期配置；只有预防性储蓄动机降低了，家庭才有将储蓄转化为消费的动力。

（3）城乡家庭风险性金融资产都存在显著的"有限参与"现象，风险性金融资产选择明显受二元经济的影响，具有显著的城乡异质性。风险性金融资产配置是城乡家庭资产组合多元化、拓展收入渠道、降低收入风险的基础。

实证结果表明，家庭风险性金融资产都存在"有限参与"现象，但也明显受二元经济的影响，风险性金融资产的持有可能性和深度表现出显著的城乡异质性。探索这种城乡异质性的根源后可以发现，同样的因素，对城乡家庭金融资产选择的影响路径和影响力的大小不同，甚至部分因素的影响方向完全相反，这是导致这种城乡异质性的直接原因。但我们也发现，家庭在参与风险性金融市场后，更倾向于提高风险性金融资产的占比。因而，怎样吸引家庭参与风险性金融市场，是提高风险性金融资产占比，优化家庭资产组合的重要前提。值得关注的是，对高收入样本及东、中、西部地区的回归结果表明，如果只是单纯地提高家庭收入或地区经济发展水平，城乡家庭风险性金融资产选择的异质性不仅不会缩小，反而有扩大的可能。

我国城乡家庭普遍偏好储蓄，所以我国储蓄率一直较高，但大部分家庭都只参与储蓄性金融资产。一方面，我国以股票为主的风险性金融市场，存在市场机制不健全，资产价格长期宽幅振荡，没有形成稳定的财富效应，对家庭风险性金融资产选择没有吸引力等问题；另一方面，家庭对风险性金融资产的产品属性、投资规则等不了解，大量低收入家庭、农村家庭对风险性金融资产的认知水平较低，也难以获得有效的咨询渠道。要优化家庭金融资产结构，提高风险性金融资产的占比，首要的任务是通过普及风险性金融资产投资知识，吸引家庭参与风险性金融市场。

（4）金融资产均存在显著正向的财富效应，这种财富效应还与消费的属性、家庭的收入高度相关，需要重视金融资产财富效应在启动城乡消费市场、实现经济内循环中的作用。

实证结果表明，金融资产财富效应在城乡家庭都显著存在，但有一定的城乡差异，这种差异主要源于城乡家庭金融资产选择规模和结构的差异。家庭金融资产的财富效应主要通过直接促进家庭消费支出增加，或间接提高家庭的边际消费率两种方式实现。这种财富效应对食品类消费支出的影响最小，对生活类刚性消费支出的影响次之，对奢侈类弹性消费支出的影响最大，这与经济理论完全一致。因而，在启动农村消费市场、引导城乡消费结构升级、推动经济内循环方面，必须重视家庭金融因素的影响。

同时，金融资产投资收益作为家庭财产性收入的重要来源，有利于拓展家庭收入渠道，优化家庭收入结构。我国城乡家庭主要收入来源于工资、劳务收入，收入来源单一化特征明显，财产性收入在家庭收入结构中占比较低，家庭收入风险较高。我国农村家庭已实现全面脱贫，但返贫风险较高，完善要素分配政策，提高城乡家庭金融资产投资收益权，增加中低收入群体要素收入，多渠道增加城乡财产性收入，提高家庭收入抗风险水平，需要发挥金融资产投资收益在巩固脱贫攻坚成果、缩小城乡收入差距方面的积极作用。

8.2 政策建议

当前在我国城乡家庭资产结构中，金融资产的份额越来越高，对微观家庭财产性收入和消费决策均产生了重要的影响，影响了经济内循环的实现。从上述研究结论来看，家庭储蓄率高，资产组合分散化不足，金融资产选择行为、影响因素及财富效应存在显著的城乡异质性。当前宏观经济面临出口不确定性因素增大，投资的边际贡献减小的双重影响，如何优化家庭金融资产结构，拓展家庭的财产性收入渠道，提高家庭金融资产财富效应，真正发挥消费对宏观经济增长的基础性作用，是当前及未来一段时间经济改革的一个重要方向。特别是二元结构特征下的金融资产选择具有城乡异质性，更要把握城乡不同群体的风险偏好和消费需求，在城乡一体化部署下，稳步推进家庭金融资产选择向更深和更广的空间发展，从而促进消费实现经济内循环，发挥消费对经济增长的基础作用。根据前面几章的研究结论，笔者有针对性地提出如下政策建议：

8.2.1 深化收入分配改革

前期的财富积累和当期的收入水平，是家庭进行金融决策和消费的基础，也是城乡家庭风险性金融资产选择存在异质性的重要原因。随着家庭财富积累的增加，家庭可用于金融资产配置和社会消费的资源也越多。欧美等发达国家的家庭资产往往经历了几代人的财富积累，而我国家庭开始进行财富积累主要始于改革开放后，家庭财富积累的时间较短。我国当前的按劳分配为主的收入分配制度，对社会再生产和家庭财富积累发挥了重要作用。然而，随着经济的发展，当前收入分配的进一步改革进入"深水区"，存在家庭收入结构单一化，城乡和地区间收入差距扩大，资本、土地和技术等生产要素处于强势地位，参与社会财富分配的比例仍较高，在一定程度上制约了家庭进行财富分配和积累。数据显示，2018 年，我国居民收入占 GDP 的比重仅为 42.7%，而欧美发达国家该比例一般在 70% 左右。

要解决家庭收入分配比例占比较低的问题，需要在较长的时间内保持经济增长的同时深化收入分配改革。第一，继续坚持改革开放，做大社会经济总量，提高城乡家庭的收入水平。只有经济持续增长，收入分配改革才具有经济基础，通过经济发展逐步缩小城乡收入差异，避免收入分配改革"内卷化"。第二，深化收入分配改革，对存量财富和增量财富采取差别化政策，目标是提高家庭收入在社会财富分配中的占比。对于存量财富，主要通过财政政策和税收政策进行引导，避免存量收入分配激化社会矛盾，把收入分配改革的重点放在增量财富上，提高增量财富向劳动要素倾斜的比例，使家庭更大幅度共享改革发展成果。第三，拓展家庭财产性收入渠道，提高家庭财产性收入占比。在我国家庭收入结构中，财产性收入占比约为20%，仍有较大的提升空间。应积极引导家庭参与金融市场，通过金融资产的投资收益增加财产性收入，促进家庭收入结构优化。

8.2.2 降低家庭储蓄预期

我国城乡家庭储蓄率高的关键是未来面临不确定性因素多，特别是二元经济结构下形成的社会城乡分割，根源是我国住房、教育、医疗和养老等一系列改革，增加了家庭的支出负担。广大的城乡家庭为应对这些未来支出的不确定性因素而增加了储蓄预期，主动进行预防性储蓄和目标性储蓄。因而，降低城乡家庭的储蓄预期是提高消费的关键。

具体来说，第一，完善社会保障体系，降低家庭的预防性储蓄和目标性储蓄动机。由于城乡二元结构导致广大中低收入家庭、农村家庭存在养老、医疗、教育等预防性储蓄和目标性储蓄，对家庭金融资产选择和消费支出均产生了显著的挤出效应。当前，我国社会保障虽然覆盖面广，但大量中低收入家庭、农村家庭被保障程度很低。因而，应积极提高中低收入群体的社会保障程度，降低其预防性储蓄动机和减少目标性储蓄需求，逐步解决家庭"不敢、不愿"消费的问题。第二，重视财政转移支付在二次分配中的作用，统筹平衡地区间社会保障的差异，进一步推进完善低收入群体和农村家庭保障体系，提高社会整体保障水平，有利于降低这些家庭的预防性储蓄预期，改变家庭的风险偏好程度，从而提高家庭的消费偏好。第三，要缩小城乡家庭风险性金融资产选择的异质性，不仅要求家庭收入缩小城乡差距，更重要的是从金融教育、农村土地及房地产改革入市、农村住房金融支持等方面着手，彻底改变二元经济金融结构，实现真正意义上的城乡一体化。

8.2.3 加大金融市场改革力度

家庭参与金融资产选择的动机是希望获得投资收益。城乡家庭偏好储蓄性金融资产，而不愿意持有风险性金融资产，既与家庭本身的风险偏好、金融知识等相关，更重要的是我国风险性金融市场存在市场机制不健全，投机交易氛围较重，长期与宏观经济发展水平背离，市场处于宽幅震荡格局，财富增值的示范效应并不显著等问题。应完善高效规范的金融市场体系，通过金融市场改革，提高金融市场的透明度，构建风险与收益相匹配的金融体系，降低市场的投机氛围。

一是金融市场的健康发展是家庭进行多元化金融资产选择的前提。加快完善我国风险性金融市场体系，避免市场出现大起大落、长期低迷的局面，树立风险性金融市场收益和风险相匹配的市场运行和调节机制，形成风险性金融资产投资收益的财富效应和示范效应，从而提高家庭风险性金融资产的持有可能性和深度，拓展家庭财产性收入渠道。二是需要对风险性金融市场进行深层次的改革，为家庭参与金融市场来分享经济发展成果提供渠道，通过金融资产的直接和间接财富效应促进社会消费。同时，充分运用金融科技和大数据手段，鼓励金融机构发展普惠金融，降低城乡信贷约束，提高金融可得性。三是我们也应该看到金融资产财富效应对不同家庭、不同消费类别具有异质性。应注意金融政策向广大的农村金融市场倾斜，通过农村金融产品创新，挖掘农村家庭、中低收入家庭金融需求。

8.2.4 提高家庭金融素养

从现有研究成果来看，金融素养是家庭进行金融决策的基础。家庭金融素养越高，其风险性金融市场参与的可能性及深度越大，资产组合的分散化程度也越高。整体来看，我国家庭金融素养特别是农村家庭金融素养较低，这严重制约了家庭金融资产选择及资产组合的多元化发展。广大城乡家庭金融素养不足是制约家庭金融资产特别是风险性金融资产选配的主要原因。从客观上看，金融产品日趋复杂化，需要有一定的金融素养来理解这些产品风险特征；从主观上看，家庭金融素养的提高，能够促进家庭合理进行金融资产组合。金融素养不仅包含金融知识和金融能力，更重要的是通过这些知识和能力提高家庭金融福利。

一是金融监管部门主动作为，完善相关法律法规体制，推动金融服务的法制化建设，保护金融消费者权益，为家庭创造获取金融知识的渠道。将小额贷款、民间融资等效率高的非正规金融机构纳入政府监管体系，加强金融机构违法行为的监管，加大对违法行为的处罚力度，减少多头监管、监管竞争与监管空白。在严监管前提下，放松对金融市场的准入管制，逐步改善城乡金融市场单一的融资结构，形成较完善的家庭融资体系。二是银行协会、金融机构要将普及金融知识作为履行社会责任的一个重要方面。发挥银行物理网点众多的优势，通过互联网平台，借力智能手机，广泛进行金融知识普及。三是金融机构加快产品创新，增加金融供给，缓解供给型信贷约束。要充分利用金融科技和大数据，根据家庭的收入和风险偏好，降低信息不对称程度，提高金融产品客户准入和流程的透明度，创新金融产品，为家庭提供多样化的金融产品和服务。

8.2.5 主动释放金融需求

目前，家庭与金融机构之间存在严重的信息不对称现象。从我国金融机构信贷流程来看，第一步就是借款者提出申请，然后才是银行受理申请等后续流程。虽然近年来，随着商业银行的市场化改革和竞争的加剧，银行主动营销的意识有所增强，但从实际情况来看，主动营销更多的是针对少量优质客户群体，或在批量获客场景应用。广大微观家庭作为普通金融需求者，需要向金融机构主动释放金融需求，降低家庭的需求型信贷约束。值得注意的是，主动释放并非盲目释放，更重要的是在家庭需求和金融机构的借款条件平衡下的合理释放。作为微观家庭，要认识到金融资产在保值增值和风险管理方面的重要性。近年来城乡家庭可投资资产增加，但缺乏有效的投资渠道，金融诈骗、非法集资等现象不断出现，部分家庭也遭受了较大的损失，根源就在于家庭的金融知识不够，风险防范意识不强。

因而，家庭要提高风险防范能力，主动释放金融需求，提高金融福利。一是要主动学习金融知识，提高金融决策能力，充分释放家庭的有效金融需求，降低需求型信贷约束存在的可能性，从而提高金融福利。要充分了解自身的金融选择行为及产品特征，合理评价家庭的风险偏好和收益预期，选择与自身风险承受能力相匹配的金融产品，避免投资的盲目性。二是要充分发挥社会网络和社会互动在获取金融信息方面的优势。在我国传统的关系型社会结构中，家庭往往以血缘和亲缘为基础，形成了庞大的社会网络渠道。家庭可利用这个社会网络，挖掘有价值的金融信息，发挥社会网络在金融资产配置中的作用。同时，家庭通过参与社会互动，主动了解金融产品的基本需求和流程，通过多家庭金融机构、多款产品的比较，选择与自身金融需求相匹配的产品。三是向专业机构进行咨询。随着我国城乡家庭金融资产规模的增长，目前也出现了很多信息咨询机构，市场上有大量的专业理财人员，他们对金融产品特征往往有更全面的了解，对各家金融机构的风险偏好和审批流程更熟悉，可以为家庭提供专业的金融咨询服务。

8.2.6　调整优化资产结构

从我国城乡家庭资产结构来看，房产所占的比例较高，金融资产特别是风险性金融资产占比较低。这种家庭资产结构可能与我国长期以来房产市场的繁荣和股票市场的低迷有关。家庭资产结构需要进行调整优化。

对于城镇家庭来说，自我国启动房产市场改革以来，家庭收入稳步提升、土地财政、商品房预售制度、住房按揭贷款等因素，共同推动房产持续多年上涨行情，房产在城镇家庭中已形成稳定的财富效应。相反，以股票为主的风险性金融资产市场，长期宽幅震荡、牛短熊长，在广大家庭中的财富效应未形成。家庭把大量资源投身房产市场，对金融资产投资有挤出效应，导致在家庭资产结构中房产占比过高、金融资产配置不足的问题。当前，在"房住不炒"的大环境下，我国城镇房产在经历20余年的快速上涨后，逐步进入地区分化、区域分化的阶段，房产的投资属性可能会逐渐弱化，房产的投资风险值得广大城镇家庭重视。

对于农村家庭来说，因农村宅基地属于集体用地，存在入市交易障碍，农村住房主要是居住属性，投资属性很弱。同时，农村地区因人口迁徙产生老年化和空心化，农村住房使用率降低，存在大量住房闲置现象。因而，对于农村住房使用率不高的家庭来说，应该避免盲目修建、扩建住房，住房不宜过度追求面积大、精装修，可适当减少农村住房修建支出，降低房产对家庭储蓄资源的挤占，为家庭资产结构优化创造有利条件。

家庭资产结构优化调整主要体现在两个方面：一是提高金融资产的比例。从分散投资组合的角度来看，当前家庭资产结构中，资产组合集中在房产上，资产组合的风险较高。家庭可通过资产组合的优化调整，降低资产组合的风险。如对于存量资产的调整，对于房产数量较多的家庭来说，可考虑处置部分房产；对于增量资产的调整，则可以更多地向金融资产倾斜，提高风险性金融市场的参与可能性和深度，逐步提高金融资产在资产组合中的占比。二是提高金融资产组合的多元化水平，将家庭金融资产在银行存款、股票、基金、保险等产品上进行多元化配置，降低储蓄性金融资产的占比，通过直接或间接的方式，增加风险性金融资产的配置比例。同时，针对具体金融资产，在不同机构、不同产品间进行合理组合，通过分散化投资降低资产组合的风险。

参考文献

一、中文文献

[1] 白重恩，吴斌珍，金烨. 中国养老保险缴费对消费和储蓄的影响 [J]. 中国社会科学，2012（8）：48-71，204.

[2] 柴时军. 社会网络、年龄结构对家庭金融资产选择的影响 [D]. 广州：暨南大学，2016.

[3] 曹瓅，杨雨. 不同渠道信贷约束对农户收入的影响 [J]. 华南农业大学学报（社会科学版），2020（2）：66-76.

[4] 曹扬. 社会网络与家庭金融资产选择 [J]. 南方金融，2015（11）：38-46.

[5] 陈强，叶阿忠. 股市收益、收益波动与中国城镇居民消费行为 [J]. 经济学季刊，2009（3）：995-1012.

[6] 陈永伟，史宇鹏，权五燮. 住房财富、金融市场参与和家庭资产组合选择：来自中国城市的证据 [J]. 金融研究，2015（4）：1-18.

[7] 陈雨露，马勇，杨栋. 农户类型变迁中的资本机制：假说与实证 [J]. 金融研究，2009（4）：52-62.

[8] 陈雨丽，罗荷花. 金融教育、金融素养与家庭风险金融资产配置 [J]. 金融发展研究，2020（6）：57-64.

[9] 陈志武，何石军，林展，等. 清代妻妾价格研究：传统社会里女性如何被用作避险资产？[J]. 经济学季刊，2019（1）：253-280.

[10] 程郁，韩俊，罗丹. 供给配给与需求压抑交互影响下的正规信贷约束：来自1 874户农户金融需求行为考察 [J]. 世界经济，2019（5）：73-82.

［11］程令国, 张晔. 早年的饥荒经历影响了人们的储蓄行为吗?: 对我国居民高储蓄率的一个新解释 ［J］. 经济研究, 2011 (8): 119-132.

［12］段军山, 崔蒙雪. 信贷约束、风险态度与家庭资产选择 ［J］. 统计研究, 2016 (6): 62-71.

［13］杜明月, 杨国歌. 中国股市财富效应对城镇居民消费的影响 ［J］. 石家庄铁道大学学报 (社会科学版), 2019 (4): 8-14.

［14］甘犁, 赵乃宝, 孙永智. 收入不平等、流动性约束与中国家庭储蓄率 ［J］. 经济研究, 2018 (12): 34-50.

［15］甘犁, 刘国恩, 马双. 基本医疗保险对促进家庭消费的影响 ［J］. 经济研究, 2010 (S1): 30-38.

［16］郭士祺, 梁平汉. 社会互动、信息渠道与家庭股市参与: 基于 2011 中国家庭金融调查的实证研究 ［J］. 经济研究, 2014 (S1): 116-131.

［17］郭云南, 张琳弋, 姚洋. 宗族网络、融资与农民自主创业 ［J］. 金融研究, 2013 (9): 136-149.

［18］韩蕾. 家庭收入结构对我国居民消费的影响 ［J］. 商业经济研究, 2019 (10): 49-52.

［19］杭斌, 修磊. 收入不平等、信贷约束与家庭消费 ［J］. 统计研究, 2016 (8): 73-79.

［20］何广文, 何婧, 郭沛. 再议农户信贷需求及其信贷可得性 ［J］. 农业经济问题, 2018 (2): 38-49.

［21］何立新, 封进, 佐藤宏. 养老保险改革对家庭储蓄率的影响: 中国的经验证据 ［J］. 经济研究, 2008 (10): 117-130.

［22］何兴强, 史卫, 周开国. 背景风险与居民风险金融资产投资 ［J］. 经济研究, 2009 (12): 119-130.

［23］何兴强, 李涛. 社会互动、社会资本和商业保险购买 ［J］. 金融研究, 2009 (2): 116-132.

［24］黄倩, 尹志超. 信贷约束对家庭消费的影响: 基于中国家庭金融调查数据的实证分析 ［J］. 云南财经大学学报, 2015 (2): 126-134.

［25］胡金焱, 张博. 社会网络、民间融资与家庭创业: 基于中国城乡差异的实证分析 ［J］. 金融研究, 2014 (10): 148-163.

［26］胡枫, 陈玉宇. 社会网络与农户借贷行为: 来自中国家庭动态跟踪调查 (CFPS) 的证据 ［J］. 金融研究, 2012 (12): 178-192.

［27］胡永刚，郭长林. 股票财富、信号传递与中国城镇居民消费［J］. 经济研究，2012（3）：115-126.

［28］胡振，臧日宏. 收入风险、金融教育与家庭金融市场参与［J］. 统计研究，2016（12）：67-73.

［29］胡振，王亚平，石宝峰. 金融素养会影响家庭金融资产组合多样性吗？［J］. 投资研究，2018（3）：78-91.

［30］贾艳，何广文. 社会网络对家庭金融资产配置的影响分析研究［J］. 农村金融研究，2020（3）：60-70.

［31］江静琳，王正位，廖理. 农村成长经历和股票市场参与［J］. 经济研究，2018（8）：84-99.

［32］蹇滨徽，徐婷婷. 家庭人口年龄结构、养老保险与家庭金融资产配置［J］. 金融发展研究，2019（6）：32-39.

［33］金露，曲秉春，李盛基. 社会医疗保险对农村居民消费的影响研究［J］. 辽宁大学学报（哲学社会科学版），2019（11）：94-102.

［34］雷晓燕，周月刚. 中国家庭的资产组合选择：健康状况与风险偏好［J］. 金融研究，2010（1）：31-45.

［35］雷震，张安全. 预防性储蓄的重要性研究：基于中国的经验分析［J］. 世界经济，2013（6）：126-144.

［36］李昂，廖俊平. 社会养老保险与我国城镇家庭风险金融资产配置行为［J］. 中国社会科学院研究生院学报，2016（6）：40-50.

［37］李丁，丁俊菘，马双. 社会互动对家庭商业保险参与的影响：来自中国家庭金融调查（CHFS）数据的实证分析［J］. 金融研究，2019（7）：96-114.

［38］李蕾，吴斌珍. 家庭结构与储蓄率 U 型之谜［J］. 经济研究，2014（S1）：44-54。

［39］李涛. 社会互动与投资选择［J］. 经济研究，2006（8）：45-57.

［40］李涛，郭杰. 风险态度与股票投资［J］. 经济研究，2009（2）：56-67.

［41］李涛，史宇鹏，陈斌开. 住房与幸福：幸福经济学视角下的中国城镇居民住房问题［J］. 经济研究，2011（9）：69-82，160.

［42］李云峰，徐书林. 人格特征与家庭金融资产选择：来自 CFPS 数据的经验证据［J］. 投资研究，2019（6）：4-24.

[43] 李雪松, 黄彦彦. 房价上涨、多套房决策与中国城镇居民储蓄率 [J]. 经济研究, 2015 (9): 100-113.

[44] 李庆峰, 陈超. 再论封闭式基金折价动力: 被忽略的套利替代效应和隐性交易费用研究 [J]. 宏观经济研究, 2015 (2): 109-118.

[45] 李学峰, 徐辉. 中国股票市场财富效应微弱研究 [J]. 南开经济研究, 2003 (3): 67-71.

[46] 李治国, 唐国兴. 消费、资产定价与股票溢价之谜 [J]. 经济科学, 2002 (6): 60-65.

[47] 廖理, 张金宝. 城市家庭的经济条件、理财意识和投资借贷行为: 来自全国 24 个城市的消费金融调查 [J]. 经济研究, 2011 (S1): 17-29.

[48] 刘宏, 马文瀚. 互联网时代社会互动与家庭的资本市场参与行为 [J]. 国际金融研究, 2017 (3): 55-66.

[49] 刘佳倩, 曹强. 信贷约束、家庭金融市场参与和家庭资产选择 [J]. 上海工程技术大学学报, 2016 (6): 178-183.

[50] 刘仁和, 陈柳钦. 中国股权溢价之谜的检验: Hansen - Jagannathan 方法的应用 [J]. 财经理论与实践, 2005 (5): 79-83.

[51] 刘铮, 李思怡, 宋宝辉. 社会网络对农户农业保险购买意愿的影响研究 [J]. 农业经济, 2020 (2): 83-85.

[52] 林靖, 周铭山, 董志勇. 社会保险与家庭金融风险资产投资 [J]. 管理科学学报, 2017 (2): 94-107.

[53] 卢树立. 省外务工经历与农村家庭金融资产选择 [J]. 中南财经政法大学学报, 2020 (1): 127-135.

[54] 卢亚娟, 张雯涵, 孟丹丹. 社会养老保险对家庭金融资产配置的影响研究 [J]. 保险研究, 2019 (12): 108-119.

[55] 陆寒寅, 朱文晖. 股票市场的财富效应研究: 一个理论演进综述 [J]. 世界经济文汇, 2005 (1): 71-79.

[56] 龙志和, 周浩明. 中国城镇居民预防性储蓄实证研究 [J]. 经济研究, 2000 (11): 33-38, 79.

[57] 吕新军, 王昌宇. 社交互动、城镇化与家庭股票市场参与: 基于 CFPS 数据的实证研究 [J]. 区域金融研究, 2019 (12): 21-27.

[58] 马涵, 胡日东. 我国不同类型农户信贷约束与收入关系探讨 [J]. 哈尔滨商业大学学报 (社会科学版), 2016 (5): 113-122.

［59］马光荣，杨恩艳. 社会网络、非正规金融与创业［J］. 经济研究，2011（3）：83-94.

［60］马光荣，周广肃. 新型农村养老保险对家庭储蓄的影响：基于数据的研究［J］. 经济研究，2014（11）：116-129.

［61］齐明珠，张成功. 老龄化背景下年龄对家庭金融资产配置效率的影响［J］. 人口与经济，2019（1）：54-66.

［62］邱新国. 宗教文化与家庭金融资产多元化研究［J］. 金融发展评论，2020（5）：1-18.

［63］史代敏，宋艳. 居民家庭金融资产选择的实证研究［J］. 统计研究，2005（10）：43-49.

［64］宋炜，蔡明超. 劳动收入与中国城镇家庭风险资产配置研究［J］. 西北人口，2016（3）：26-31.

［65］王琎，吴卫星. 婚姻对家庭风险资产选择的影响［J］. 南开经济研究，2014（3）：100-112.

［66］王聪，柴时军，田存志，吴甦. 家庭社会网络与股市参与［J］. 世界经济，2015（5）：105-124.

［67］王聪，田存志. 股市参与、参与程度及其影响因素［J］. 经济研究，2012（10）：97-107.

［68］王聪，熊剑庆. 我国居民资产间接财富效应的实证研究：基于消费者信心的视角［J］. 西南金融，2011（5）：14-17.

［69］王聪，姚磊，柴时军. 年龄结构对家庭资产配置的影响及其区域差异［J］. 国际金融研究，2017（2）：76-86.

［70］王春超，袁伟. 社会网络、风险分担与农户储蓄率［J］. 中国农村经济，2016（3）：25-35，53.

［71］王春瑾，王金安. 住房资产对家庭金融资产"挤出效应"的实证研究［J］. 闽江学院学报，2017（4）：44-52.

［72］王汉杰，温涛，韩佳丽. 深度贫困地区农户借贷能有效提升脱贫质量吗？［J］. 中国农村经济，2020（8）：54-68.

［73］王美今. 我国基金投资者的处置效应：基于交易账户数据的持续期模型研究［J］. 中山大学学报（社会科学版），2005（6）：122-128，141.

［74］王千六. 基于城乡经济二元结构背景下的城乡金融二元结构研究［D］. 重庆：西南大学，2009.

[75] 王稳, 桑林. 社会医疗保险对家庭金融资产配置的影响机制 [J]. 首都经济贸易大学学报, 2020 (1): 21-34.

[76] 王宇, 李海洋. 管理学研究中的内生性问题及修正方法 [J]. 管理学季刊, 2017 (3): 20-47, 170-171.

[77] 温涛, 朱炯, 王小华. 中国农贷的"精英俘获"机制: 贫困县与非贫困县的分层比较 [J]. 经济研究, 2016 (2): 111-125.

[78] 马双, 赵文博. 方言多样性与流动人口收入: 基于 CHFS 的实证研究 [J]. 经济学季刊, 2019 (1): 393-414.

[79] 吴卫星, 高申玮. 房产投资挤出了哪些家庭的风险资产投资 [J]. 东南大学学报 (哲学社会科学版), 2016 (4): 56-66, 147.

[80] 吴卫星, 齐天翔. 流动性、生命周期与投资组合相异性: 中国投资者行为调查实证分析 [J]. 经济研究, 2007 (2): 97-110.

[81] 吴卫星, 荣苹果, 徐芊. 健康与家庭资产选择 [J]. 经济研究, 2011 (S1): 43-54.

[82] 吴卫星, 沈涛, 蒋涛. 房产挤出了家庭配置的风险金融资产吗?: 基于微观调查数据的实证分析 [J]. 科学决策, 2014 (11): 52-69.

[83] 吴卫星, 尹豪. 工作满意度与股票市场参与 [J]. 经济科学, 2019 (6): 69-79.

[84] 吴卫星, 张旭阳, 吴锟. 金融素养对家庭负债行为的影响: 基于家庭贷款异质性的分析 [J]. 财经问题研究, 2019 (5): 57-65.

[85] 吴义根, 贾洪文. 我国人口老龄化与金融资产需求结构的相关性分析 [J]. 西北人口, 2012 (2): 125-129.

[86] 肖俊喜, 王庆石. 交易成本、基于消费的资产定价与股权溢价之谜: 来自中国股市的经验分析 [J]. 管理世界, 2004 (12): 3-11, 49-55.

[87] 肖忠意, 李思明. 中国农村居民消费金融效应的地区差异研究 [J]. 中南财经政法大学学报, 2015 (2): 56-63, 71, 159.

[88] 解垩, 孙桂茹. 健康冲击对中国老年家庭资产组合选择的影响 [J]. 人口与发展, 2012 (4): 47-55.

[89] 谢家智, 吴静茹. 数字金融、信贷约束与家庭消费 [J]. 中南大学学报 (社会科学版), 2020 (3): 9-20.

[90] 邢大伟. 城镇居民家庭资产选择结构的实证研究: 来自江苏省扬州市的调查 [J]. 华东经济管理, 2009 (1): 15-20.

［91］徐丽鹤，袁燕. 财富分层、社会资本与农户民间借贷的可得性［J］. 金融研究，2017（2）：131-146.

［92］徐佳，谭娅. 中国家庭金融资产配置及动态调整［J］. 金融研究，2016（12）：95-110.

［93］许燕. 关系强度、社会互动与农民购买商业养老保险意愿：基于修订的 S-O-R 模型［J］. 金融理论与实践，2016（4）：84-89.

［94］薛玮，赵媛. 人口老龄化、城乡居民养老保险与居民消费：基于省际面板数据的实证分析［J］. 南京师大学报（自然科学版），2019（12）：162-168.

［95］薛永刚. 我国股票市场财富效应对消费影响的实证分析［J］. 宏观经济研究，2012（12）：49-59.

［96］杨继军，张二震. 人口年龄结构、养老保险制度转轨对居民储蓄率的影响［J］. 中国社会科学，2013（8）：47-66，205.

［97］杨琳. 居民家庭人口年龄结构对其金融资产结构的影响研究：以河南省安阳市的调研为例［D］. 青岛：中国海洋大学，2015.

［98］杨汝岱，陈斌开，朱诗娥. 基于社会网络视角的农户民间借贷需求行为研究［J］. 经济研究，2011（11）：116-129.

［99］杨汝岱，陈斌开. 高等教育改革、预防性储蓄与居民消费行为［J］. 经济研究，2009（8）：113-124.

［100］尹志超，宋鹏，黄倩. 信贷约束与家庭资产选择：基于中国家庭金融调查数据的实证研究［J］. 投资研究，2015（1）：4-24.

［101］尹志超，宋全云，吴雨. 金融知识、投资经验与家庭资产选择［J］. 经济研究，2014（4）：62-75.

［102］尹志超，宋全云，吴雨，彭嫦燕. 金融知识、创业决策和创业动机［J］. 管理世界，2015（1）：87-98.

［103］尹志超，张诚. 女性劳动参与对家庭储蓄率的影响［J］. 经济研究，2019（4）：165-181.

［104］尹志超，刘泰星，张诚. 农村劳动力流动对家庭储蓄率的影响［J］. 中国工业经济，2020（1）：24-42.

［105］尹志超，吴雨，甘犁. 金融可得性、金融市场参与和家庭资产选择［J］. 经济研究，2015（3）：87-99.

［106］余泉生，周亚虹. 信贷约束强度与农户福祉损失：基于中国

农村金融调查截面数据的实证分析 [J]. 中国农村经济, 2014 (3): 36-47.

[107] 余劲松. 城镇居民参与股市及其对财产性收入的影响: 基于我国 2000—2008 年 30 个省 (市、区) 面板数据的研究 [J]. 证券市场导报, 2011 (10): 4-10.

[108] 曾志耕, 何青, 吴雨, 尹志超. 金融知识与家庭投资组合多样性 [J]. 经济学家, 2015 (6): 86-94.

[109] 张兵, 吴鹏飞. 收入不确定性对家庭金融资产选择的影响: 基于 CHFS 数据的经验分析 [J]. 金融与经济, 2016 (5): 28-33.

[110] 张金宝. 城市家庭的经济条件与储蓄行为: 来自全国 24 个城市的消费金融调查 [J]. 经济研究, 2012 (1): 66-79.

[111] 张明, 涂先进. 金融借贷的伪财富效应与居民消费增长: 城乡与区域差异 [J]. 现代经济探讨, 2018 (1): 25-32.

[112] 张人骥, 朱平方, 王怀芳. 上海证券市场过度反应的实证检验 [J]. 经济研究, 1998 (5): 58-64.

[113] 张爽, 陆铭, 章元. 社会资本的作用随市场化进程减弱还是加强?: 来自中国农村贫困的实证研究 [J]. 经济学季刊, 2007 (2): 539-560.

[114] 张欣新. 住房增值对家庭股市参与的影响 [D]. 成都: 西南财经大学, 2016.

[115] 张冀, 于梦迪, 曹杨. 金融素养与中国家庭金融脆弱性 [J]. 吉林大学社会科学学报, 2020 (4): 140-150, 238.

[116] 赵爽. 基于供给侧改革的消费对经济增长拉动作用实证分析 [J]. 商业经济研究, 2020 (3): 42-44.

[117] 赵学军, 王永宏. 中国股市 "处置效应" 的实证分析 [J]. 金融研究, 2001 (7): 92-97.

[118] 宗庆庆, 刘冲, 周亚虹. 社会养老保险与我国家庭风险金融资产投资: 来自中国家庭金融调查 (CHFS) 的证据 [J]. 金融研究, 2015 (10): 99-114.

[119] 周广肃, 梁琪. 互联网使用、市场摩擦与家庭风险金融资产投资 [J]. 金融研究, 2018 (1): 84-101.

[120] 周利, 王聪. 资产价格财富效应传导机制的实证分析 [J]. 新疆大学学报, 2016 (11): 1-10.

[121] 周钦, 袁燕, 臧文斌. 医疗保险对中国城市和农村家庭资产选

择的影响研究 [J]. 经济学季刊, 2015 (3)：931-960.

[122] 周欣, 孙健. 社会网络能够影响商业医疗保险的购买吗?：基于中国居民家庭收入调查数据的研究 [J]. 金融理论与实践, 2016 (10)：94-99.

[123] 周铭山, 孙磊, 刘玉珍. 社会互动、相对财富关注及股市参与 [J]. 金融研究, 2011 (2)：172-184.

[124] 周月书, 刘茂彬. 基于生命周期理论的居民家庭金融资产结构影响分析 [J]. 上海金融, 2014 (12)：11-16.

[125] 周月书, 孙冰辰, 彭媛媛. 规模农户加入合作社对正规信贷约束的影响：基于社会资本的视角 [J]. 南京农业大学学报（社会科学版），2019 (4)：126-137.

[126] 邹小芃, 杨芊芊, 叶子涵. 长寿风险对股票市场参与影响的实证分析 [J]. 统计与决策, 2019 (9)：159-163.

[127] 朱卫国, 李骏, 谢晗进. 线上社会互动与商业保险购买决策 [J]. 消费经济, 2020 (1)：72-82.

[128] 朱涛, 卢建, 朱甜, 等. 中国中青年家庭资产选择：基于人力资本、房产和财富的实证研究 [J]. 经济问题探索, 2012 (12)：170-177.

[129] 朱涛, 谢婷婷, 王宇帆. 认知能力、社会互动与家庭金融资产配置研究 [J]. 财经论丛, 2016 (11)：47-55.

[130] 朱世武, 郑淳. 中国资本市场股权风险溢价研究 [J]. 世界经济, 2003 (11)：62-70, 80.

二、外文文献

[131] AGNEW J, P BALDUZZI, A SUNDEN. Portfolio Choice and Trading in a Large 401 (k) Plan [J]. American Economic Review, 2003, 93 (1)：193-215.

[132] ALLEN D. Social Networks and Self-Employment [J]. The Journal of Socio-Economics, 2000, 9 (5)：487-501.

[133] ALESSIE R, S HOCHGUERTEL, A VAN SOEST. Household Portfolios in the Netherlands [R]. Working Paper, No. 2000-55, 2000.

[134] ALMENBERG J, A DREBER. Gender, Stock Market Participation and Financial Literacy [J]. Economics Letters, 2015, 137 (12)：140-142.

[135] ALZUABI R, S BROWN, D GRAY, et al. Household Saving, Health, and Healthcare Utilisation in Japan [R]. Center for Economic Institutions Working Paper, No. 2018-17, 2019.

[136] AMBRUS A, M MOBIUS, A SZEIDL. Consumption Risk-Sharing in Social Networks [J]. American Economic Review, 2014, 104 (1): 149-182.

[137] ANTONIDES G. The Division of Household Tasks and Household Financial Management [J]. Zeitschrift für Psychologie, 2011, 219 (4): 198-208.

[138] AMERIKS J, S ZELDES. How Do Household Portfolio Shares Vary with Age? [R]. TIAA-CREF Working Paper, Columbia University, 2004.

[139] ANGERER X, P S LAM. Income Risk and Portfolio Choice: An Empirical Study [J]. The Journal of Finance, 2009, 64 (2): 1037-1055.

[140] APERGISA N, S M MILLERB. Consumption Asymmetry and the Stock Market: Empirical Evidence [J]. Economics Letters, 2006, 93 (3): 337-342.

[141] ARRONDEL L, A MANSSON. Stockholding in France [R]. DELTA Working Papers, 2002.

[142] ARROW K J. The Role of Securities in the Optimal Allocation of Risk-Bearing [J]. Review of Economic Studies, 1964, 31 (2): 91-96.

[143] BANERJEE A, et al. The Miracle of Microfinance? Evidence from a Randomized Evaluation [J]. American Economic Journal: Applied Economics, 2015, 7 (1): 22-53.

[144] BARBER B M, T ODEAN. Boys Will Be Boys: Gender, Overconfidence, and Common Stock Investment [J]. The Quarterly Journal of Economics, 2001, 116 (1): 261-292.

[145] BAYDAS M M, et al. Discrimination against women in formal credit markets: Reality or rhetoric? [J]. World Development, 1994, 22 (7): 1073-1082.

[146] BEISEITOV E, J D KUBIK, J R MORAN. Social Interactions and the Health Insurance Choices of the Elderly [R]. Center for Policy Research Working Papers, No. 58, 2004.

［147］ BERKOWITZA M K, J QIU. A Further Look at Household Portfolio Choice and Health Status ［J］. Journal of Banking and Finance, 2006, 30 (4): 1201-1217.

［148］ BERTAUT C C, M HALIASSOS. Precautionary Portfolio Behavior from a Life-Cycle Perspective ［J］. Journal of Economic Dynamics and Control, 1997, 21 (8): 1511-1542.

［149］ BERTAUT C C. Equity Prices, Household Wealth, and Consumption Growth in Foreign Industrial Countries: Wealth Effects in the 1990s ［R］. FRB International Finance Discussion Paper, No. 724, 2002.

［150］ BLACK F. International Capital Market Equilibrium with Investment Barriers ［J］. Journal of Financial Economics, 1974, 1 (4): 337-352.

［151］ BLUME M E, J CROCKETT, I FRIEND. Stock Ownership in the United States: Characteristics and Trends ［J］. Survey of Current Business, 1974, 54 (11): 16-40.

［152］ BLOMMESTEIN H. Ageing, Pension Reform, and Financial Market Implications in the OECD Area ［R］. CERP Working Papers, No 9, 2011.

［153］ BODIE Z, D B CRANE. Personal Investing: Advice, Theory, and Evidence ［J］. Financial Analysts Journal, 1997, 53 (6): 13-23.

［154］ BOGAN V L, A R FERTIG. Portfolio Choice and Mental Health ［J］. Review of Finance, 2013, 17 (3): 955-992.

［155］ BONAPARTE Y, G M KORNIOTIS, A KUMAR. Income Hedging and Portfolio Decisions ［J］. Journal of Financial Economics, 2014, 113 (2): 300-324.

［156］ BOTER C. Living Standards and the Life Cycle: Reconstructing Household Income and Consumption in the Early Twentieth-Century Netherlands ［J］. The Economic History Review, 2020, 73 (4): 1050-1073.

［157］ BOUCHER S R, et al. Risk Rationing and Wealth Effects in Credit Markets: Theory and Implications for Agricultural Development ［J］. American Journal of Agricultural Economics, 2008, 90 (2): 409-423.

［158］ BRESSAN S, N PACE, L PELIZZON. Health Status and Portfolio Choice: Is Their Relationship Economically Relevant? ［J］. International Review of Financial Analysis, 2014, 32 (3): 109-122.

[159] BRUNNERMEIER M K, S NAGEL. Hedge Funds and the Technology Bubble [J]. The Journal of Finance, 2004, 59 (5): 2013-2040.

[160] CALVET P E, P SODINI. Twin Picks: Disentangling the Determinants of Risk-Taking in Household Portfolios [J]. The Journal of Finance, 2014, 69 (2): 867-906.

[161] CAMPBELL J Y. Household Finance [J]. Journal of Finance, 2006, 61 (4): 1553-1604.

[162] CAMPBELL J Y, J F COCCO. How Do House Prices Affect Consumption? Evidence from Micro Data [J]. Journal of monetary Economics, 2007, 54 (3): 591-621.

[163] CAMPBELL J Y, J F COCCO. A Model of Mortgage Default [J]. The Journal of Finance, 2015, 70 (4): 1495-1554.

[164] CAMPBELL J Y, J H COCHRANE. By Force of Habit: A Consumption-Based Explanation of Aggregate Stock Market Behavior [J]. Journal of Political Economy, 1999, 107 (2): 205-251.

[165] CARDAK B A, R WILKINS. The Determinants of Household Risks Asset Holding: Australian Evidence on Background Risk and Other Factors [J]. Journal of Banking and Finance, 2009, 33 (5): 850-860.

[166] CHAMON M D, E S PRASAD. Why Are Saving Rates of Urban Households in China Rising? [J]. American Economic Journal: Macroeconomics, 2010, 2 (1): 93-130.

[167] CHAUVIN V, J MUELLBAUER. Consumption, Household Portfolios and the Housing Market in France [J]. Economics and Statistics, 2018, 500 (11): 157-178.

[168] CHAY J B, C A TRZCINKA. Managerial Performance and the Cross-Sectional Pricing of Closed-End Funds [J]. Journal of financial economics, 1999, 52 (3): 379-408.

[169] CHEN J. Re-Evaluation the Association Between Housing Wealth and Aggregate Consumption: New Evidence from Sweden [J]. Journal of Housing Economics, 2006, 15 (4): 321-348.

[170] CHETTY R, L SÁNDOR, A SZEIDL. The Effect of Housing on Portfolio Choice [J]. Journal of Finance, 2017, 72 (3): 1171-1212.

[171] CHOU S Y, J T LIU, J K HAMMITT. National Health Insurance and Precautionary Saving: Evidence from Taiwan [J]. Journal of Public Economics, 2003, 87 (9): 1873-1894.

[172] COCCO J F. Hedging House Price Risk with Incomplete Markets [R]. Working paper, London Business School, 2000.

[173] COX D, T JAPPELLI. The Effect of Borrowing Constraints On Consumer Liabilities [J]. Journal of Money, Credit and Banking, 1993, 25 (2): 197-213.

[174] DAVID D, P L MENCHIK. The Effect of Social Security on Lifetime Wealth and Accumulation and Bequests [J]. Economica, 1985, 52 (208): 421-434.

[175] DAVIS M A, M G PALUMBO. A Primer on the Economics and Time Series Econometrics of Wealth Effects [R]. Federal Reserve Board working paper, 2001.

[176] DE BONDT W, R THALER. Does the Stock Market Overreact? [J]. The Journal of finance, 1985, 40 (3): 793-805.

[177] DEAVES R, E LÜDERS, G Y LUO. An Experimental Test of the Impact of Overconfidence and Gender on Trading Activity [J]. Review of Finance, 2009, 13 (3): 555-575.

[178] EMIRBAYER M, J GOODWIN. Network Analysis, Culture, and the Problem of Agency [J]. American journal of sociology, 1994, 99 (6): 1411-1454.

[179] ELLISON G, D FUDENBERG. Word-of-Mouth Communication and Social Learning [J]. The Quarterly Journal of Economics, 1995, 110 (1): 93-125.

[180] FAFCHAMPS M, B MINTON. Returns to Social Network Capital among Traders [J]. Oxford economic papers, 2002, 54 (2): 173-206.

[181] FAFCHAMPS M, F GUBERT. The Formation of Risk Sharing Networks [J]. Journal of development Economics, 2007, 83 (2): 326-350.

[182] FELDSTEIN M. Social Security, Induced Retirement and Aggregate Capital Formation [J]. Journal of Political Economy, 1974, 82 (5): 905-926.

[183] FONSECA R, K J MULLEN, G ZAMARRO. What Explains the

Gender Gap in Financial Literacy? The Role of Household Decision Making [J]. The Journal of Consumer Affairs, 2012, 46 (1): 90-106.

[184] FOUGÈRE D, M POULHES. The Effect of Housing on Portfolio Choice: A Reappraisal Using French data [R]. CEPR Discussion Paper, No. DP9213, 2012.

[185] FRATANTONI M C. Homeownership, Committed Expenditure Risk, and the Stockholding Puzzle [J]. Oxford Economic Papers, 2001, 53 (2): 241-259.

[186] FRENCH K R, J M POTERBA. Investor Diversification and International Equity Markets [J]. The American Economic Review, 1991, 81 (2): 222-226.

[187] FRIEDBERG L, A WEBB. Determinants and Consequences of Bargaining Power in Households [R]. NBER Working Paper No. w12367, 2006.

[188] FRIEDMAN M. A Theory of the Consumption Function [M]. Boston: Princeton University Press, 1957.

[189] GLAESER E L, B I SACERDOTE, J A SCHEINKMAN. The Social Multiplier [J]. Journal of the European Economic Association, 2003, 1(2-3): 345-353.

[190] GORMLEY T, H LIU, G F ZHOU. Limited Participation and Consumption-saving Puzzles: A Simple Explanation and the Role of Insurance [J]. Journal of Financial Economics, 2010, 96 (2): 331-344.

[191] GROOTAERT C. Social Capital, Household Welfare and Poverty in Indonesia [R]. The World Bank, Policy Research Working Paper, 2148, 1999.

[192] GUARIGLIA A, M ROSSI. Private Medical Insurance and Saving: Evidence from the British Household Panel Survey [J]. Journal of Health Economics, 2004, 23 (4): 761-783.

[193] GUISO L, T JAPPELLI, D TERLIZZESE. Income Risk, Borrowing Constraints, and Portfolio Choice [J]. The American Economic Review, 1996, 86 (1): 158-172.

[194] GUISO L, T JAPPELLI. Private Transfers, Borrowing Constraints and the Timing of Homeownership [J]. Journal of Money, Credit and Banking,

2002, 34 (2): 315-319.

[195] GUISO L, M HALIASSOS, T JAPPELLI. Household Stockholding in Europe: Where Do We Stand, and Where Do We Go? [J]. Economic Policy, 2003, 18 (36): 123-170.

[196] GUISO L, T JAPPELLI. Investment in Financial Information and Portfolio Performance [J]. Economica, 2020, 87 (348): 1133-1170.

[197] GUISO L, P SAPIENZA, L ZINGALES. Trusting the Stock Market [J]. The Journal of Finance, 2008, 63 (6): 2557-2600.

[198] GUISO L, M PAIELLA. Risk Aversion, Wealth, and Background Risk [J]. Journal of the European Economic Association, 2008, 6 (6): 1109-1150.

[199] GUO H, P PATHAK, H K CHENG. Estimating Social Influences from Social Networking Sites–Articulated Friendships versus Communication Interactions [J]. Decision Sciences, 2015, 46 (1): 135-163.

[200] HALIASSOS M, C C BERTAUT. Why do so Few Hold Stocks? [J]. The Economic Journal, 1995, 105 (432): 1110-1129.

[201] HALIASSOS M, A MICHAELIDES. Portfolio Choice and Liquidity Constraints [J]. International Economic Review, 2003, 44 (1): 143-177.

[202] HANSEN L, R JAGANNATHAN. Implications of Security Market Data for Models of Dynamic Economies [J]. Journal of Political Economy, 1991, 99 (2): 225-262.

[203] HAYASHI F. The Effect of Liquidity Constraints on Consumption: A Cross–Sectional Analysis [J]. Quarterly Journal of Economics, 1985, 100 (1): 183-206.

[204] HICKS J R. A Suggestion for Simplifying the Theory of Money [J]. Economica, 1935, 2 (5): 1-19.

[205] HONG H, J D KUBIK, J C STEIN. Social Interaction and Stock–market Participation [J]. Journal of Finance, 2004, 59 (1): 137-163.

[206] IWAISAKO T, A ONO, A SAITO, et al. Residential Property and Household Stock Holdings: Evidence from Japanese Micro Data [J]. The Economic Review, 2015, 66 (3): 242-264.

[207] JAPPELLI T. Who is Credit Constrained in the U. S. Economy? [J]. The Quarterly Journal of Economics, 1990, 105 (1): 219-234.

[208] JAPPELLI T. Testing for Liquidity Constraints in Euler Equations with Complementary Data Sources [J]. Review of Economics and Statistics, 1998, 80 (2): 251-262.

[209] JIN L, A SCHERBINA. Inheriting Losers [J]. The Review of Financial Studies, 2011, 24 (3): 786-820.

[210] JORGENSEN A V. Towards an Explanation of Household Portfolio Choice Heterogeneity: Nonfinancial Income and Participation Cost Structures [R]. NBER Working Paper, No. w8884, 2002.

[211] CASE K E, Q M JOHN, S J ROBERT. Comparing Wealth Effects: The Stock Market versus the Housing Market [J]. The B. E. Journal of Macroeconomics, 2002, 5 (1): 1-34.

[212] KEYNES J M. The General Theory of Employment [J]. The Quarterly Journal of Economics, 1937, 51 (2): 209-223.

[213] KING M, L DICKS-MIREAUX. Asset Holdings and the Life-Cycle [J]. The Economic Journal, 1982, 92 (366): 247-267.

[214] KIM K A, J R NOFSINGER. The Behavior of Japanese Individual Investors During Bull and Bear Markets [J]. Journal of Behavioral Finance, 2007, 8 (3): 138-153.

[215] KINNAN C, R TOWNSEND. Kinship and Financial Networks, Formal Financial Access, and Risk Reduction [J]. American Economic Review, 2012, 102 (3): 289-293.

[216] KON Y, D J STOREY. A Theory of Discouraged Borrowers [J]. Small Business Economics, 2003, 21 (1): 37-49.

[217] KOO H K. Consumption and Portfolio Selection with Labor Income: A Continuous Time Approach [J]. Mathematical Finance, 1998, 8 (1): 49-65.

[218] KUMAR R, G M NORONHA. A Re - Examination of the Relationship Between Closed-End Fund Discounts and Expenses [J]. Journal of Financial Research, 1992, 15 (2): 139-147.

[219] LELAND H E. Saving and Uncertainty: The Precautionary Demand for Saving [J]. The Quarterly Journal of Economics, 1968, 82 (3): 465-473.

[220] LIN C, Y J HSIAO, C Y YEH. Financial Literacy, Financial Advi-

sors, and Information Sources on Demand for Life Insurance [J]. Pacific-Basin Finance Journal, 2017, 43 (C): 218-237.

[221] LOVE D A, P A SMITH. Does Health Affect Portfolio Choice? [J]. Health Economics, 2010, 19 (12): 1441-1460.

[222] LUSARDI A, O S MITCHELL. Planning and Financial Literacy: How Do Women Fare? [J]. American Economic Review, 2008, 98 (2): 413-417.

[223] LUSARDI A, O S MITCHELL. The Economic Importance of Financial Literacy: Theory and Evidence [J]. Journal of economic literature, 2014, 52 (1): 5-44.

[224] MAENHOUT P J. Robust Portfolio Rules and Asset Pricing [J]. The Review of Financial Studies, 2004, 17 (4): 951-983.

[225] MANKIW N G, S P ZELDES. The Consumption of Stockholders and Nonstockholders [J]. Journal of Financial Economics, 1991, 29 (1): 97-112.

[226] MANSKI C F. Identification of Endogenous Social Effects: The Reflection Problem [J]. The review of economic studies, 1993, 60 (3): 531-542.

[227] MANSKI C F. Economic Analysis of Social Interactions [J]. Journal of economic perspectives, 2000, 14 (3): 115-116.

[228] MARKOWITZ H. Portfolio Selection [J]. Journal of Finance, 1952, 7 (1): 77-91.

[229] MARSCHAK J. Money and the Theory of Assets [J]. Econometrica, 1938, 6 (4): 311-325.

[230] MIAN A, K RAO, A SUFI. Household Balance Sheets, Consumption, and the Economic Slump [J]. The Quarterly Journal of Economics, 2013, 128 (4): 1687-1726.

[231] MEHRA Y P. The Wealth Effect in Empirical Life-Cycle Aggregate Consumption Equations [J]. Federal Reserve Bank of Richmond Economic Quarterly, 2001, 87 (3): 45-68.

[232] MEHRA R, E C PRESCOTT. The Equity Premium: A puzzle [J]. Journal of Monetary Economics, 1985, 15 (2): 145-161.

[233] MEYLL T, T PAULS. The Gender Gap in Over-Indebtedness [J].

Finance Research Letters, 2019, 31 (C): 398-404.

[234] MOOKERJEE R, P KALIPIONI. Availability of Financial Services and Income Inequality: The Evidence from Many Countries [J]. Emerging Markets Review, 2010, 11 (4): 404-408.

[235] MOUNA A, A JARBOUI. Financial Literacy and Portfolio Diversification: An Observation from the Tunisian Stock Market [J]. International Journal of Bank Marketing, 2015, 33 (6): 808-822.

[236] MUNK C. A Mean-Variance Benchmark for Household Portfolios Over the Life Cycle [J]. Journal of Banking & Finance, 2020, 116 (C): 105833.

[237] NADEEM M, M QAMAR, M NAZIR, et al. How Investors Attitudes Shape Stock Market Participation in the Presence of Financial Self-Efficacy [J]. Frontiers in Psychology, 2020 (11): 553351.

[238] ODEAN T. Do Investors Trade Too Much? [J]. American Economic Review, 1999, 89 (5): 1279-1298.

[239] PALIA D, et al. Heterogeneous Background Risks and Portfolio Choice: Evidence from Micro-level Data [J]. Journal of Money, Credit and Banking, 2014, 64 (8): 1687-1720.

[240] PAIELLA M. Limited Financial Market Participation: A Transaction Cost-Based Explanation [R]. Temi di discussion, No. 415, 2001.

[241] PELIZZON L, G WEBER. Are Household Portfolios Efficient? An Analysis Conditional on Housing [J]. Journal of Financial and Quantitative Analysis, 2008, 43 (2): 401-431.

[242] PELTONEN T A, R M SOUSA, I S VANSTEENKISTE. Wealth Effects in Emerging Market Economies [J]. International Review of Economics & Finance, 2009, 24 (5): 155-166.

[243] PIKETTY T, E SAEZ. Income Inequality in the United States, 1913-1998 [J]. The Quarterly Journal of Economics, 2003, 118 (1): 1-41.

[244] PONTIFF J. Closed-End Fund Premia and Returns Implications for Financial Market Equilibrium [J]. Journal of Financial Economics, 1995, 37 (3): 341-370.

[245] POTERBA J M, A A SAMWIEK. Household Portfolio Allocation O-

ver the Life Cycle [R]. NBER Working Papers, No. 6185, 1997.

[246] QIAN N. Missing Women and the Price of Tea in China: The Effect of Sex-Specific Earnings on Sex Imbalance [J]. The Quarterly Journal of Economics, 2008, 123 (3): 1251-1285.

[247] ROSEN H, WU S. Portfolio Choice and Health Status [J]. Journal of Financial Economics, 2004, 72 (3): 457-484.

[248] SCHEINKMAN J A. Social Interactions [R]. Working Paper, Princeton University, 2005.

[249] SCHNEEBAUM A, K MADER. The Gendered Nature of Intra-Household Decision Making in and Across Europe [R]. Department of Economics Working Paper, Series, 157, 2013.

[250] SHARPE W F. Capital Asset Prices: A Theory of Market Equilibrium under Conditions of Risk [J]. Journal of Finance, 1964, 19 (3): 425-442.

[251] SHEFRIN H, M STATMAN. The Disposition to Sell Winners Too Early and Ride Losers Too Long: Theory and Evidence [J]. The Journal of finance, 1985, 40 (3): 777-790.

[252] STIGLITZ J. Using Tax Policy to Curb Speculative Short-Term Trading [J]. Journal of Financial Services Research, 1989, 3 (2-3): 101-115.

[253] SONG H X, R H WANG, G BISHWAJIT, et al. Household Debt, Hypertension and Depressive Symptoms for Older Adults [J]. Geriatric Psychiatry, 2020, 35 (7): 779-784.

[254] STEINDEL C, S C LUDVIGSON. How Important is the Stock Market Effect on Consumption? [J]. Economic Policy Review, 1999, 5 (2): 29-51.

[255] STULZ R M. On the Effects of Barriers to International Investment [J]. The Journal of Finance, 1981, 36 (4): 923-934.

[256] UHLER R S, J G CRAGG. The Structure of the Asset Portfolios of Households [J]. The Review of Economic Studies, 1971, 38 (3): 341-357.

[257] VERNER H, G GYÖNGYÖSI. Household Debt Revaluation and the Real Economy: Evidence from a Foreign Currency Debt Crisis [J]. American Economic Review, 2020, 110 (9): 2667-2702.

[258] VAN ROOIJ, A LUSARDI, R ALESSIE. Financial Literacy, Retirement Planning and Household Wealth [J]. The Economic Journal, 2012. 122 (560): 449-478.

[259] WEBER E U, C K HSEE. Models and Mosaics: Investigating Cross-Cultural Differences in Risk Perception and Risk Preference [J]. Psychonomic Bulletin & Review, 1999, 6 (4): 611-617.

[260] WEBER E U, M W MORRIS. Culture and Judgment and Decision Making: The Constructivist Turn [J]. Perspectives on Psychological Science, 2010, 5 (4): 410-419.

[261] WEI S J, X B ZHANG. The Competitive Saving Motive: Evidence from Rising Sex Rations and Savings Rates in China [J]. Journal of Political Economy, 2011, 119 (3): 511-564.

[262] ZELDES S P. Consumption and Liquidity Constraints: An Empirical Investigation [J]. Journal of Political Economy, 1989, 97 (2): 305-346.

[263] YAKITA A. Uncertain Lifetime, Fertility and Social Security [J]. Journal of Population Economics, 2001, 14 (4): 635-640.

[264] YILMAZER T, A C LYONS. Marriage and the Allocation of Assets in Women's Defined Contribution Plans [J]. Journal of Family and Economic Issues, 31 (2): 121-137.

[265] YOO P S. Age Distributions and Returns of Financial Assets [R]. Working Papers 1994-002, 1994.

[266] YUEH L. Self-Employment in Urban China: Networking in a Transition Economy [J]. China Economic Review, 2009, 20 (3): 471-484.

[267] ZACCARIA L, L GUISO. From Patriarchy to Partnership: Gender Equality and Household Finance [R]. Available at SSRN: https://ssrn.com/abstract=3652376,2020.